卡耐基全集 06

伟大的人物

【美】戴尔·卡耐基 / 著

张慧 / 译著

九州出版社
JIUZHOUPRESS

目 录

第五篇 | 艺术巨匠

第一篇

科学名士

科学巨匠富兰克林

富兰克林出生于波士顿一个小手工业者家庭，5岁的时候，他就已经开始私下找书看了。他的父亲是一名肥皂和蜡烛制造工匠，由于认识到自己没有学到多少知识，所以他的父亲很注重对富兰克林的培养，看到富兰克林从小就爱读书，对他更是加倍疼爱。

受家庭背景的影响，父母希望富兰克林长大后从事宗教事务工作，正因为如此，富兰克林8岁时便被送进了一个专门教文法的学校，后来因为家庭困难又转入某个不出名的学校。因为没有能力继续读书，10岁的时候富兰克林辍学回家，帮助父亲用牛油炮制肥皂及蜡烛，或者从事诸如剪烛心、浇灌蜡烛模型之类的活计，尽力干些力所能及的杂务。

告别了短暂的学校生活，富兰克林在店铺里坚持一边干活一边自学。虽然每天劳动量大，工作环境较差，但他依然坚持不懈地努力学习，不但把父亲的藏书翻出来从头到尾完整地阅读了一遍，还用自己平日积攒的钱购买了许多书籍。

见儿子这样酷爱阅读，父亲从内心感到高兴，并把他送到自己哥哥的印刷厂做学徒工，在那里有更多的书籍可以供富兰克林阅读，能让他学习到更多的知识。聪明勤奋的富兰克林在叔叔的工厂进步神速，没用多长时间就掌握了印刷技术，同时还结识了一些藏书爱好者。他经常读书到很晚，因为书是借来的，第二天就要归还给人家。通过持之以恒的刻苦努力，富兰克林的涉猎了文史和哲学等多个领域，掌握了数学和四门外语的基础知识，为他以后在多个方面的发展架设了前进的桥梁。

富兰克林不但渴望获得知识，也热爱生活，他对丰富多彩的自然界有着浓厚的兴趣。20岁时他离开伦敦前往费城。在轮船上，他注意观察天气变化，对海豚皮肤色彩和光泽的变化进行了仔细的观察，并详细记录了观察的结果。富兰克林在进行电学研究的时候，人们对静电方面的知识还缺乏了解。他通过不断实验和研究，预见性地提出了"电为何物"的问题并做出了科学解释，建立了电学"一流论"，并运用带电体之间引力作用的原理进行实践。在此基础上，他发明了电轮，这是人类历史上首次成功将电能转化为机械能。

在大气电学方面，富兰克林同样获得了非凡的成就，他是最早提出并解释雷电现象本质的人。有一次，在呼啸的雷雨即将来临时，富兰克林带着儿子到野外去放一只特制的风筝。风筝顶端插上了一根尖尖的铁棍，下面系着一把金属钥匙，钥匙下边连接着不带电的电容器"莱顿瓶"。

风筝飞到高空中，一阵雷电火光闪过之后，他发现电容器带有电荷了。受这个实验的启发，他发明了避雷针。他的这项发明不但能帮助人类避免雷电带来的危害，而且还开拓了利用雷电的途径，有人甚至因此称富兰克林为"人类的普罗米修斯"。

人们对富兰克林在电学上的杰出贡献感到十分惊讶。毫无疑问，富兰克林在电学上有着举足轻重的地位，他在这方面所做出的贡献具有划时代的意义。

此外，他在光学、声学、热学、数学乃至植物学、海洋学等多个领域也有很高造诣，并拥有多项发明。他曾在英国皇家学会上公布了电风筝的研究成果，当时的《学会记录》立刻刊登了他的论文。1753年7月，他获得了哈佛大学名誉文学硕士学位，同年11月30日，因在"神奇的电学实验和研究"上所做出的杰出贡献，皇家学会向他颁发了"科普利爵士"金质奖章，1756年4月，威廉学院和玛丽学院分别向他颁发硕士和博士学位。这样，只在小学读过两年书的富兰克林，却获得了全世界六七所著名大学颁发的硕士或博士学位，他的声誉传遍了欧洲，无愧于世界名人这个称号。

富兰克林不但在自然科学上成就斐然，还是一个极具天赋的商人。

他离开哥哥的印刷厂时还缺乏应有的社会经验，后来，他开办了属于自己的印刷所，依靠吃苦耐劳以及妥善的经营管理，他不仅在竞争激烈的印刷行业中占有了一席之地，而且把印刷业务拓展到邻近几个州乃至西印度群岛，最后成为北美印刷出版行业中的翘首。

在取得事业上的成功后，他积极从事北美殖民地的文化传播以及社会公益事业，在民众启蒙工作中做了许多工作，接连创办了"共读社""北美科学促进会"以及"北美哲学学会"等文化组织机构；他还拿出自己的藏书并出资组建了美国第一家公共图书馆——费城图书馆；他于1727年组建了一只救火队，于1751年以募捐的方式开设了一所公共医院。他做过美洲副邮务总长，大力推进北美殖民地邮政制度的变革，想办法减低邮费、提高邮递速度，创造了北美殖民地邮政一体化网络，美国的邮政业得到脱胎换骨的改造。通过这些杰出的社会活动，富兰克林渐渐成为北美殖民地举足轻重的人物。

富兰克林生活在美国摆脱殖民地统治、谋求国家独立的伟大转折时期，在国家体制的早期建设过程中，他奉献了自己的能力，并颇有建树，为美国独立战争的胜利做出了伟大贡献，并因此被载入史册。1754年，北美各殖民地的领导人召开奥尔巴尼会议，在会上他提议组建"奥尔巴尼联盟"，并得到一致响应，这个计划第一次阐明了大联合的思想，成为照亮殖民地人民心中的一盏明灯。

1775年5月，他被任命为宾州治安委员会主席，负责掌管地方军队，并与人合作起草了州宪法。他代表宾州参加了第二次大陆会议，参与起草美国《独立宣言》。在担任美国邮政部长期间，他分管战时邮政事务。在美军作战不利的情况下，他在三人委员会中和华盛顿合作，组织动员北美13州的人民支持独立战争。

1790年4月17日，这位伟大的人物告别了人世。在这位伟大的科学家、杰出的政治家、天才的商人遗体下葬那一天，有两万多人为他护送灵柩，这体现了美国人民对他的真挚哀悼。美国政府宣布为他哀悼一个月，法国国民议会也发来哀悼信。富兰克林不但属于美国，更属于全世界。

发明大王爱迪生

我曾在纽约的温德比尔特饭店，遇见过一个女孩，她有着非凡的记忆力，负责饭店衣帽间的管理工作。当我将衣服交给她保管时，她却没有将号牌给我。当我向她索要号牌时，她微笑着说："不用号牌，放心吧，我过目不忘。"随后，她非常得意地说，在这家饭店里，午饭的时候一般都有一二百人，即使顾客存放的衣服混杂在一起，在客人领取衣服时，她也能把衣服还给人家，从来没有出过差错。

我怀疑她的记忆力没有这么好，后来见到饭店经理时，我向他提及那个女孩，这位经理自豪地说："没错！她在这里已经工作15年了，从来没有出过差错！"

那个女孩不禁让我联想到记忆力极差的发明家爱迪生。在爱迪生小的时候，经常因为记性差而遭到伙伴的嘲笑。他一直无法记住教师上课时讲授的知识，考试成绩常常是班级最后一名。老师们觉得他愚蠢至极，对他毫无办法。医生检查身体时发现他的大脑与正常人不同，最后竟荒谬地做出结论，他的脑部疾病以后可能会导致其死亡。

我听爱迪生的朋友们说，他在学校的学习时间总共不过3个月，之后回到家里由他母亲辅导他念书。他的母亲真是了不起，竟然把自己的儿子由一个备受嘲笑的孩子，培养成一位空前绝后的伟大发明家！是的，我们不得不承认，幼年时的爱迪生很愚笨，但我们更必须承认，他的发明为人类的科学研究做出了无法估量的贡献。

爱迪生的记忆力究竟糟糕到什么程度呢？看下面的这个故事就明白了：有一次他到税务局交税，当时交税的人很多，排了很长队伍。爱迪生一边排队一边在思考问题，当轮到他交税的时候，工作人员问他的姓名，他居然回答不上来，他费力地想了很久还是想不起来。最后，他的一位邻居走过来和他打招呼，听到人家叫他名字，他才记起他的名字是托马斯·爱迪生。这个笑话在当地家喻户晓，直到现在人们还时常说起这件事。

爱迪生对工作的热情态度是常人难以理解的，他工作起来不分昼夜，沉浸于科学研究时就没有时间概念。有一天早晨，为他来送早餐的仆人发现他睡着了，就没有叫醒他，把早餐放在桌上然后就走了。他的助手们吃过早餐后来到实验室，发现爱迪生还没有醒来，就偷偷地拿走他的早餐，把一个空盘子放回原处。

爱迪生睡醒之后打算吃早餐，看到桌上盘子和咖啡杯是空的，桌面上撒满了面包屑，于是睡意朦胧地揉揉眼睛，想了一会儿之后，好像明白自己已经吃过早饭了，于是像往常一样习惯地点上一根烟，提提神，又投入到工作中。助手们看到后忍不住大笑起来，爱迪生这才发现自己被他们愚弄了。

爱迪生的故事很容易让我想到另外一些伟人的事迹，如，美国著名植物学家亚沙·葛雷，据说他能说出2.5万多种植物名字；相传英武盖世的恺撒大帝也能说出数万士兵的名字。但是，记忆力不好的人也不少，例如棒球名将贝比·鲁斯，他的苦恼缘于无法记住别人的名字；查理·卓别林的秘书在卓别林身边工作了7年，与卓别林几乎从未分开，可是据他回忆，卓别林叫他的名字从来都不准确。

埃及的默罕半顿大学有个规定：凡是入校新生入学考试都必须熟背全部《古兰经》。《古兰经》是伊斯兰教的经书，与基督教的《新约》字数基本相同，需要3天时间才能完完整整地背诵一遍。但是每年还是大致有两万名新生考入该校，差不多每个人都能顺利通过考试，这是多么惊人啊！

一般来说，文人的记忆力好些，但事实并不是这样。英国著名诗人拜伦一生写下了无数的作品，他曾骄傲地宣称自己所写的诗歌自己能够完全背诵。可是与拜伦同时代的华尔特·斯科特的记忆力却无法令人恭维，他不单记不住自己写下的诗句，而且还认不出自己所写的作品。有一次他把自己的诗歌误认为是拜伦的，并对这首诗大加赞赏，后来有人告诉他这是他自己的作品时，他这才知道搞错了。

英国著名散文家、哲学家培根记忆力超越常人，竟然可以一字不差地默写自己的作品；美国的舞台明星约瑟夫·贾弗森却正好与他相反，13年来他一直表演同一部剧目，却仍然记不住台词。拜伦与华尔特、培根与约瑟夫，这些人虽然都是家喻户晓的著名人物，但是记忆力却有着天壤之别。

美国总统林肯有增强记忆力的秘方，他告诉人们：如果你想记住某些事情，可借助听觉和视觉的作用，把要记的内容大声朗读出来，这样就能获得绝佳的记忆效果。英国历史学家托马斯·巴宾顿·麦考雷却用不着这样，他的记忆力就像中国俗语讲的那样，"一目十行，过目不忘"，不管是什么书，只要他读过一遍，可以全部记下来。他写下诸多史学巨著，在写作的过程中，从来不用查找任何参考书。

美国总统西奥多·罗斯福也有令人惊叹的记忆力。对自己曾经会见过的每一个宾客他都能记住，甚至对方的长相和举动，他都能牢记在心，过后都能说出来。因此在第二次见面时，不用介绍，他都能说出对方的名字，这样常常令人感到惊喜万分。

良好的记忆力有助于罗斯福在政治方面的发展，在谈判中更容易令他抢占先机。有一次，他会见一位日本银行家，令银行家感到惊奇的是，他们刚一见面，罗斯福便兴高采烈地谈起了他们第一次见面时的情景，一下把话题拉到15年前。

乔治·彼得是英国一个富豪，在他刚刚10岁的时候，有人给他出了一道难题："要是把4440英镑存入银行，一年的利息为4.5便士，4440天后，一共可以有多少利息？"他稍微思考一会儿，就准确地给出答案，用时不到两分钟。

当"铁路杰克"数年前去世时，全世界许多新闻媒体都刊登了消息，人们对他的离世表示沉重的哀悼和痛惜。其实，他并没有做出什么伟大的业绩，他无与伦比的记忆力是他唯一与众不同的地方，此外，他还是个很幽默的人。在去世前20年的时间里，他游历了美国的每一所大学。他的身影会突然出现在学生食堂里，他当着所有学生的面得意地喊道："你们知道我'铁路杰克'的大名吗？你们可以随便提一些历史方面的问题，凡是你们能够想到的，我就能把答案说出来。"

学生们充满好奇心，自然不会放过他，同时，他们也愿意借此机会表现自己知识"渊博"，于是大家蜂拥而上，发问一些千奇百怪的问题，有些提问甚至是不着边际的，比如问："苏格拉底的妻子结婚时年龄多大？"。

"铁路杰克"没有丝毫惊慌，马上回答说："苏格拉底40岁之前一直单身，40岁后他才结婚，他的妻子当时只有19岁。"又有学生问："枪刺出现在什么时候？"他眼也不眨轻轻松松地回答说："出现在苏格兰爆发的战争中，1689年7月27日，枪刺第一次成为杀人的武器。"在回答所有问题之后，他通常会收到一些酬劳，还会受邀参加学生们的聚餐，有的学生还会凑钱为他买一套新衣服，在离开的时候，学生们会资助他一些旅费。

"汽车大王"亨利·福特听说他的事迹后，对他的博学多才非常钦佩，把一辆时髦的汽车送给了他，以方便他继续游历各地。不过，"铁路杰克"有自己独特的嗜好，不喜欢驾驶这种豪华的汽车，因此每次出行还是驾驶自己那辆破旧的两轮车，同时在车的外侧写上一行醒目的话："铁路杰克——历史学界的天才"。

"铁路杰克"离开人世那年79岁，他在遗嘱中希望将自己的遗体捐赠给密歇根大学，用于解剖实验；通过研究他的大脑，让人们弄清楚他拥有如此强大记忆力的秘密。我曾给密歇根大学心理系主任比尔斯教授写信，向他询问"铁路杰克"超强记忆力的相关情况。他告诉我，其实每个人都拥有神奇的记忆力，"铁路杰克"的记忆力之所以特别突出，只不过因为他在这一方面集中了所有精力。换句话说，他的历史知识是点点滴滴汇集在一起的。如果大家知道他在这上面所花费的时间和精力，也就不会对他的超强记忆力感到惊奇了。

我最后想告诉大家的是，如果你觉得自己的记忆力不行，千万不要失望，因为这并不说明你没有能力。世界名人李纳·杜拉芬如果不把要办的事情记在纸上，转眼间便会彻底忘掉。更多时候，他不单把要办的事情忘得一干二净，甚至连记录事情的便条都忘记放在哪里了。所以，我认为阻碍一个人事业成功的不是糟糕的记忆力，记忆力差也不会磨灭一个人的伟大，爱迪生的成功就是一个极好的例子。

科学怪才爱因斯坦

　　许多年以前，我和朋友一同去德国南部的小城镇旅行。在路过一条静谧的街道时，我的好友突然站住不动了，他凝视着路边的一座不大的建筑对我说："你知道吗？这座小楼就是爱因斯坦出生的地方。"听他这样说，当天下午，我专程去瞻仰了爱因斯坦故居。很幸运，我在那里结识了他的叔父。

　　令人感到意外的是，他的叔父向我讲述的爱因斯坦不但与普通人没有区别，相反，小的时候还不如别的孩子聪明。他行为迟缓，讲话吞吞吐吐，他的父母甚至觉得他的智商不健全，他的老师也认为这孩子没有什么希望，根本不能有出息。可是没有人能预料到，这个被人们称为"笨蛋"的小男孩，后来居然成为一名世界上最聪明、最伟大的科学家。

　　回顾人类的历史，爱因斯坦的显赫名声在所有科学家里面也是不多见的。更加让人感到惊奇的是，像他这样一位物理学家，却能像电影明星般瞬间"走红"，成为全球所有媒体追捧的明星；他的名声甚至大于拳王乔·路易。更为有意思的是，在相当长的一段时间内，爱因斯坦本人并不知道自己的声名有多大，对此他甚至感到相当困惑。有一次记者向他问起这个问题，他说对自己的"成名"感到难以理解和怀疑。

　　爱因斯坦的"相对论"，不但让人们可以深刻地了解宇宙，还能从中领悟到这位伟大的科学家热爱生活的朴素情怀。他有许多爱好，在音乐方面有特殊天分，他最喜爱的乐器是小提琴。爱因斯坦向来以平和的心态看待一切事物，既不会过分痴迷于哪件事情，也不会对哪些事情厌恶到底。对于普通人所追求的名利、金钱和富贵，他都看得很淡。

有一次，爱因斯坦乘船外出旅行，客轮的船长为了表达对他的尊敬，特意给他留下最好的房间让他住，可是他却拒绝了船长的好意，表示只要睡在下等舱就可以了，他不希望享受任何特殊待遇。纽约普林斯顿大学邀请他去讲课，为了躲避新闻记者的跟踪，他甚至在轮船行驶至中途时换乘驳船，上岸后再乘坐公共汽车到学校。由于他的特殊贡献，在他50岁生日的时候，德国政府在普斯丹城为他塑造了一座半身铜像，并赠送给他一套住房、一艘游艇。

爱因斯坦的"相对论"在学术界产生了巨大影响，世界各地出版的相关书籍超过900多部，都是在探讨和解释"相对论"这一学说，但爱因斯坦声明，真正理解"相对论"的人，全世界不超过12个。在解释"相对论"的时候，爱因斯坦曾经做过这样的比喻：让你坐在一个美女身边，你会感觉一小时和一分钟同样短暂；如果让你坐到火炉上，你会觉得一分钟比一小时还要漫长。这里面的差异就是相对性。同样的体验在生活中也随处可见，如果让你选择，我毫不怀疑你会选择与美人对坐，而不会选择坐到火炉上。

爱因斯坦有过两次婚姻，第一次婚姻让他有了两个小天使。和普通人的眼光一样，爱因斯坦的夫人同样不能理解丈夫所考虑的问题，但她有一个明显的优点——懂得如何照料丈夫。爱因斯坦不太在意自己的外表，他去给学生上课，也会穿得随随便便，人们很难相信他是这所大学的教授。爱因斯坦特有的品性，经常让夫人感到为难。比如，当他的夫人打算在家里搞一次朋友聚会时，她特别希望爱因斯坦参与进来，可是她的提议却常常遭到爱因斯坦的推托和拒绝，这时候，他会这样反驳："什么？我无法忍受他们的吵闹，他们会令我无法安心工作。我要在他们到来之前躲起来。"这时，他的夫人就会耐心地听着，等他发完牢骚后再心平气和地劝慰他，让他安静下来，最后他会愉悦地来到客人们中间。这样在聚会的时候，爱因斯坦也可以借此缓解一下紧张的工作状态。

人们都难以理解爱因斯坦的行为，但他的夫人却说，虽然他的思想非常严谨，但他的日常的生活却不愿受到任何束缚。他在生活中一直贯彻自己的想法，无论什么事，他想做的就会立即动手去做，从不在意别人的看法。爱因斯坦给自己制定了两条原则：一是不受任何规则的束缚；二是不被任何人支配。

爱因斯坦的生活简单朴素，平日里他不爱穿新衣服，也不戴帽子，洗澡时喜欢吹口哨和唱歌。他研究的是深奥的宇宙问题，对烦琐的人生十分厌烦。他在生活中从不用奢侈品，刮胡子，一直使用普通的肥皂，从没用过高档刮面香皂。从实用角度来讲，他觉得肥皂和香皂没有什么区别。

爱因斯坦是一个懂得享受人生的人，他把快乐当作自己的人生哲学，和他著名的"相对论"一样，他的快乐哲学也很出名。他的快乐来自普普通通的事物，而不是追名逐利。他生性淡泊，愿意在工作中寻找无穷的乐趣。另外，他也非常喜爱拉小提琴和划船，任何东西都不能取代小提琴在他生命中的重要位置。

发生在爱因斯坦身上有趣的事情还有很多！比如，有一天他在柏林乘坐公共汽车时，竟然与售票员发生了争执，因为他觉得售票员找给他的钱不对。售票员只好把钱重新清点了一次，在确信自己没有少给后，把零钱放到爱因斯坦手中，并用讥讽的语气对他说："先生，您不会数钱是容易出现误会的。"

生物学家达尔文

达尔文从小就喜欢收集各种各样的物品，比如各种石头、贝壳、图章以及花草标本等，在人们看来普通的东西，在达尔文看来却如获至宝。在他的家里面，只有达尔文一个人有收集东西的嗜好，他的兄弟姐妹们没有人对此感兴趣。从这里可以看出，达尔文在童年的时候就已经对自然产生了浓厚的兴趣。

达尔文的父亲把他送到别特列尔博士开办的旧式学校读书。达尔文在这所学校里共学习了7年，但是他不喜欢学校的教学内容。学校使用的教材很大一部分是古罗马人和希腊人的名著，老师要求学生大量背诵原文。达尔文不喜欢这些课程。课余时间，他还是收集各种物品，这段时间里，他特别喜欢寻找各种昆虫，设法去找一些新品种。当收集的昆虫很多了以后，他开始找些与昆虫和鸟类相关的书籍来读。

在了解和掌握了一些昆虫和鸟类方面的知识后，他又开始注意观察昆虫和鸟类的习性，然后把所观察到的记录下来，并画图做出标记。他感觉最惬意的时候，是在刮风的傍晚沿着海边毫无目的地漫步，随时观察那些飞翔在海面上的海鸥和鸬鹚，他常常痴迷于海鸥奇怪而又迷乱的飞翔路线，常常一个人在海边看得发呆。

如果由此就认为达尔文是个怪孩子，那就错了。其实他不但不孤僻，还天性温和，善于和同学交往，许多小伙伴都愿意找他玩。在他的同学当中，有个叫约翰·毛里斯·赫伯特的，后来成为威尔士的一名法官，两人年过花甲见面的时候，赫伯特仍然亲切地把达尔文称为同学。赫伯特向他的朋友们介绍说："他是一位非常随和、宽容的朋友，他和大家都能处好关系。所有美好、公正的行为他都会赞同,憎恶一切虚假、卑劣、残忍和庸俗的事物。"这是一个对达尔文非常了解的人做出的最公正的评价。

达尔文曾被父亲送进爱丁堡大学医学院学习。达尔文的父亲和祖父都是医生,他父亲最大的愿望就是达尔文将来能继承祖业,做一个有名望的医生。达尔文在爱丁堡大学医学院学习了两年后,父亲终于发现,要想儿子在医学上有所作为,是不现实的,他的兴趣是研究自然史。

达尔文和朋友一起去巴尔穆特度假,到了目的地后,他们就开始四处寻找昆虫。他们安排的旅游,先是到海上乘船游览风光,然后到附近登山。登山时,达尔文常常要停下来收集昆虫。他尤其喜爱甲虫,努力寻找没见过的种类。有一次,他看到一棵树的树皮开裂,他上前剥开一块树皮,发现上面有两只奇怪的甲虫,他两只手各捉一只,接着,他又发现一只从未见过的甲虫,腹部带有十字花纹。达尔文惊喜万分,他不愿意放走这只甲虫,顾不了那么多了,他就把右手里的那只甲虫放进嘴里,轻轻咬住,然后腾出手来去抓那只没见过的甲虫。放在嘴里的甲虫排出了刺鼻的气味和液体,令他恶心得险些晕倒,他只好把它吐出来,最后,这两只甲虫都逃之夭夭。

达尔文在大学里过着一种矛盾的生活:一方面,他不得不参加乏味的必修课考试和学士学位考试;另一方面,他还要从事自己喜欢的自然科学研究。后来,达尔文认识了昆虫学家汉斯洛,开始与一些自然学家们交往,还和他们一道考察地质、骑马旅行,他的自然科学知识积淀得越来越深厚了,自然科学家称他为野外工作者。

后来,好朋友汉斯洛教授给达尔文寄来一封信,信中建议达尔文跟随"贝格尔号"军舰一道去做长途旅行考察,并担任船上的博学家。因为汉斯洛教授知道达尔文一直抱有考察热带自然界的强烈欲望,因此希望达尔文接受这一邀请。

对于汉斯洛的邀请,达尔文的父亲坚决反对,认为这不是头脑清醒的人应该有的想法。但是,达尔文的舅舅却持有不同的观点,他支持并鼓励达尔文参加这次不同寻常的游行。针对达尔文父亲反对的理由，他逐条写出了自己的看法，加以反驳。

1.旅行妨碍达尔文将来成为一名牧师

达尔文能否成为一名牧师，不是这次旅行所能决定的，牧师与自然科学研究并不矛盾，牧师研究自然科学是十分正常的。

2.这个计划是荒谬的

对这个反对理由我不知道该如何看待，但达尔文的目标明确，他会因为参加这次旅行而养成努力实现目标的习惯，我坚信这一点，就如同我坚信他两年之后一定会回家一样。

3.在聘请达尔文任博物学家这一职位之前，他们极有可能已请过许多其他人，如果别人不去，为什么你要去？

那封信我认真的读了，可是我无法产生这种怀疑。当我带着你的看法重读那封信时，我还是无法找到任何可靠的依据来支持你的看法。

4.那艘军舰或这次探险某些方面可能存在问题。

我相信，海军部不会安排一艘有问题的军舰去进行这样的考察任务。质疑参与这次探险，大家的看法可能不尽相同。某些因素对某些人来说可能是障碍，但说这些因素对达尔文也会产生影响，这种说法说不通。

5.参加了考察，达尔文将永远不会过安宁日子。

有两种情形值得注意：第一，如果他接受聘请，两年后将会怎样；第二，如果他拒绝聘请，两年后又将如何。如果您觉得接受邀请，他将变得浮躁，从此以后无法安静，不能在任何地方立足，这的确是一个关键的理由。请问，海员们就不希望安排好家庭生活，过着安乐的日子吗？

6.达尔文的居住条件一定很不好。

我认为这个理由不成立，假若达尔文是由海军部委任的，那么他在船上就有资格得到按规定应得到的安置，我想不会有什么不合适。

7.这是达尔文志向的又一次转变。

如果我看到达尔文正全身心投入到他的事业中,我不会要求他放弃现在的事业,但我发觉情况并非是您所想象的那样。他现在的科学理想和他在探险中所追求的目标是完全一致的。

8.这是一件不会有什么好处的事情。

如果只考虑他的理想,也许这件事情没有什么好处。但是,如果把达尔文看作一个兴趣广泛的人,那么这次航行会是一次难得的机会,会让他观察到方方面面的人和物。

在达尔文父亲提出的这些反对意见里,最重要的是第七、第八条。这时的达尔文内心志向明显倾向自然史研究,但他的父亲没有察觉到这一点,但达尔文的舅舅却留意到了。作为一个坦率的长辈,他打心底里喜爱达尔文。

当然,这次"贝格尔号"考察不单是一次纯粹科学旅行,更主要的是执行政治和经济任务。虽然达尔文对政治和经济不感兴趣,但对他而言,这种旅行将是决定他一生的大事。

在"贝格尔号"上,达尔文渐渐成长为一名名副其实的博物学家,他所关注和研究的物种起源问题,在这次旅行中逐步明晰起来。在南美洲,他发现了许多贫齿目化石;对动物灭绝、环境适应、动植物之间的竞争冲突等问题的考察,让他的物种起源的观点,获得了可靠的事实依据。在艰难的考察和研究工作中,达尔文表现出十足的耐心和坚忍不拔的毅力。

在经历了漫长的考察旅行生涯后,达尔文成长为一位善于思考、勇于探索、解决问题的大博物学家。

炸药发明者诺贝尔

全世界的媒体中每年都会反复出现诺贝尔的名字，但对他的生平事迹，大多数人都不怎么了解。大多数人会把他的名字跟炸药、灾难和暴行联系在一起，要不就是把他的名字跟俄罗斯的石油财富或诺贝尔奖联系在一起。除了这些，大家对他的了解并不多。

阿尔弗里德·诺贝尔的父亲伊曼纽尔·诺贝尔提炼硝化甘油采用的是一种保守的办法，并最先用这种简易的方法进行了规模化试产。尽管在这方面他有丰富的经验，并且做事勇敢专注，但他从来没有接受过正规的科学训练。他试图控制爆炸的种种努力并未达到预期效果，因此，他的家人和邻居似乎完全生活在炸药引线上。

在外国完成学业的诺贝尔已经是一名资深的化学家了。1863年，父亲让他回到斯德哥尔摩，继续研究炸药。此后，经过不断的试验和探索，他们在这方面逐渐有所突破。在赫勒内堡一座破旧的房子里，1892年30岁的诺贝尔经过50多次试验后，诺贝尔专利雷管终于研制成功，值得注意的是，直到现在，提起诺贝尔的这项发明，一些知名的科学家仍然说它是"自火药发明以来，在爆炸科学上里程碑式的进展"。

诺贝尔的兴趣并不仅限于研究制造炸药，他具有丰富的想象力，这种天赋正是一个真正的天才所应具备的。他不但有出众的能力，而且把那些伟大的思想付诸实施的想法也非常迫切。或许受父亲伊曼纽尔的影响，诺贝尔还具有天马行空的想象力。他的助手们说，那些空想与划时代的发明构思之间的区别有时让他难以厘清，比如：用什么样的方式建造火炮，或某些生物和生理问题，由于他这些方面的知识非常贫乏，所以其间的界限总是难以弄明白。

随着时间的推移，诺贝尔把这些迥异的想法全都变成了专利发明。他获取的发明专利权无数，准确的数目多到连他自己都说不出来。但是在清理财产时，一张登记表近乎准确地记录了他在各国取得的发明专利不下351项，这的确是个令人震惊的数字。

永远站在时代的最前端是诺贝尔最大的特点，从19世纪90年代初他与朋友的往来信件中不难发现，利用空中摄影进行勘测和绘制地图也曾引起他浓厚的兴趣。当时飞机还没有出现，为了达到这一目的，诺贝尔决定借助气球或炮弹。在临终前4个月，他写了一封信给好友索尔曼，在信中他说："……我打算把一个带有降落伞、小钟表或计时引线和照相机的小气球送到高空。在适当的高度让气球自动地泄气或与降落伞分离，然后，让照相机在缓慢下降的过程中拍出照片来。"

他还准确地预言：气球或飞船不再是未来空中的主要交通工具，由推进器快速制动的飞机将会取代它们。在比莱特兄弟第一次飞行试验要早10年的1892年，他就这样写道：

"让人激动的一件事儿是飞行，但我们千万不要以为能解决这个问题的是气球。飞鸟克服重力只需要轻轻摇动它的翅膀就能做到，但这并不是什么魔法。鸟儿能做的事儿，人类同样也能做到……""自从开发出电力以及与之相关的一些事物之后，仅需四分之一秒即可环绕地球一周。对这个大大的地球，我向来不以为然，但对一个小得多的实体，比如说原子，我的兴趣更为浓厚。作为宇宙万物的一个微小元素，它的结构、运动和定数，在我的头脑中要比它们本身占据着更多的空间。"

此外，他还这样写道："我的一千种设想要是一年之内有一种是成功的，我就感觉满意了。"

也许是家庭影响的缘故吧，诺贝尔身上表现出很大程度的矛盾性。他身体状况较差，但工作成就却异常惊人。他虽是一个炸药和武器的发明家与工业家，但对暴力和战争却极为厌恶。第一，他的不安可能是由那糟糕的身体状况引起的；第二，由于他见多识广，使得他很早就养成了把整个世界当作自家工厂的世界主义观念。尽管他日后成了当时最具实力的资本家，但对他持有社会主义观点并没有形成障碍。

他具备谦和的天性，但在形势的迫使下，也曾经参加过激烈的纷争。他想象力丰富，诗人气质浓郁，但同时，商人所具有的预见力和运筹帷幄的能力又完美地体现在他身上。

他对科学和文学都有很大兴趣，他没读过大学，他的技术和文学知识都是通过自学获得的。虽然这种学习方式显而易见有它的局限性，但同时也获得了更大的自由度。他的图书馆藏书很多，他经常一个人躲在里面苦读。他认为，为后代谋福利的是对自然科学的研究。而文学在这方面的作用，也将是不可替代的。

从40岁至58岁这一时期，诺贝尔一直生活在巴黎，作为一个已经成名的大富豪，他完全可以为所欲为。但是，他始终以局外人的身份对待巴黎的轻浮生活。早年，他用声色犬马之地来描述这座城市，在他看来，现实中的海洋所淹没过的人远没有在这里放浪和纵欲的人多。

他表示，那里所有的令人厌恶的场景只能让人转身离开。他对巴黎的观感随着时间的流逝也发生了改变，但他还是十分厌恶那种有害的社会环境，这种环境是懒惰、不负责、道德沦丧和情欲的温床，它在任何一个阶级出身的个人身上都可能产生作用。无耻和狂妄的性情，政治上的黑幕，商业中的欺诈，以及不择手段赢取的庸俗声誉，所有这些都与他格格不入。

诺贝尔也偶尔参加知识分子的聚会，但他不愿成为公众人物，他不喜欢抛头露面是发自内心的。他从不与人争吵，万一遇上这种场面，他就会立即回避。但和朋友或同事在一起聚会时，他又像换了个人似的，显得从容大方，乐于并善于倾听，礼貌待人。他非常清楚自己的性情，曾说："我是一个善良的厌世主义者，不良习惯经常困扰着我，我还是一个不可救药的热爱哲学的理想主义者。"

诺贝尔一辈子过着单身生活。1876年的秋天，43岁的诺贝尔旅行到奥地利时，在一家鲜花店里认识了索菲。索菲当时只有20岁，出身于维也纳一个犹太家庭。因为不愿看继母的脸色，她从家里逃了出来。

从此，诺贝尔经常和她在一起，当索菲把自己的不幸境遇讲给他听时，诺贝尔深受触动并开始迷恋上了她。但是两个人的条件却极不般配。诺贝尔具有很高的文化素养，但也有多病身体和极强的嫉妒心，他盼望有一个轻松舒适的家庭氛围，而索菲则是一个随和、妩媚的女孩，缺乏教养而且没什么思想，属于典型的维也纳大众美女，只追求享受生活。多年来，诺贝尔不计一切代价和心血，尝试着把索菲的性格和教养提高到理想水平，但最终以失败告终。

这位大富豪和乡村灰姑娘的爱情就这么结束了。诺贝尔晚年深受忧郁症折磨，不能说与这场爱情毫无关系。就是在对女人和爱情感到万分沮丧的情况下，诺贝尔不无遗憾地离开了人世。

科学女杰居里夫人

在人类历史长河中，能够青史留名的女人为数不多，而居里夫人就是其中最为杰出的一位。她出生于多灾多难的波兰，生性害羞。她扬名世界的原因是她发现了新元素——镭。直至今日，人类与癌症这个病魔做斗争仍然没有终止，而镭的发现为人类战胜这一顽症提供了强有力的武器。镭可以杀死发生病变的细胞，而且还能有力遏制癌细胞扩散。

居里夫人考入巴黎大学，进修物理和数学，当时她过着贫困的生活，又不注意照顾自己，曾因饥饿过度几次晕倒在地。半个世纪后，一家电影公司斥巨资以她为原型拍摄了一部电影，看到这个情节，所有人都潸然泪下。正是这位生性羞涩的女孩，在自然科学领域不畏险阻，艰难前行。她一生中两次荣获诺贝尔奖，一次是1903年的诺贝尔物理学奖，一次是1911年的诺贝尔化学奖。

19岁时，她在波兰一户贵族家庭当教师。这家的长子从学校回到家里过圣诞节。在假期里，她和那个男孩一起跳舞、滑冰，很快两人就坠入爱河。她的美丽、聪慧和优雅气质深深吸引了对方，使对方鼓起勇气，正式向她——这位出身低微的姑娘求婚。这家的女主人知道后，十分生气，他的父亲更是暴跳如雷："什么？我的儿子怎么能娶一个这种人家的女孩！"

世俗偏见残忍无情地棒打沐浴在爱河之中的一对鸳鸯，他们被拆散了，这对她来说，简直是晴天霹雳，最后，坚强的她决定摆脱爱的烦恼。她离开了波兰，带着将自己的一生投入到无边的科学事业中的想法，只身前往巴黎。

1891年，这位波兰姑娘以玛丽亚的学名考入巴黎大学，开始了新的生活。她性情羞怯，又因为专心学习，不愿花时间外出进行社交活动，所以她在四年的大学生涯中可以说没有一个知己。这段时间里，她凭借从事家教挣得的一点收入和父亲时不时寄来的一点钱艰难地维持自己的生活，每天只有60美分的生活开销，租赁的房间里没有电灯，取暖设备异常简陋。

她想方设法节省开支，冬夜里常常因没有打开火炉取暖而被冻得四肢麻木。在这样糟糕的令人难以忍受的处境中，她仍然不屈不挠地钻研数学。睡觉时因太冷，她不得不一股脑儿地把毛巾、床单、枕套、外套乃至屋里能找得到的所有纺织品都压在身上，尽管这样还是冻得缩成一团。实在无法忍受时，她甚至把椅子压在身上。

在饮食方面她也同样面临着难题。她没办法让自己每顿饭都能吃饱，另外她觉得时间宝贵，不愿意在吃饭的问题上浪费时间。所以，她每天吃饭都是应付了事，在几个礼拜的时间里只吃点涂了少许奶油的面包和几个红茶果。有一次，饥饿过度突然晕倒在床上，又有一次晕倒在课堂上，醒来后她如实告诉医生："这几天我只吃了几个樱桃和萝卜。"这样一位住着简陋房子又食不果腹的穷学生，却用了10年时间在知识的海洋里奋力拼搏，最终成为令人尊敬的伟大科学家。

她在巴黎居住了3年，3年后她同一个叫皮尔·居里的法国科学家结婚了。当时，皮尔·居里已经35岁了，在法国科学界已经小有名气。刚结婚时，两辆自行车是他们唯一能拿得出手的财产，两人常常骑着自行车去乡下旅游，即便在度蜜月时期，他们也只是吃些面包和乳酪，晚上则随便找家便宜的旅馆住宿。

婚后3年，居里夫人开始着手写自己的博士论文。经过长时间的思考，她决定以新发现的问题作为自己的论文主题，她将论文的标题命名为《铀是如何发出辐射线的？》。

由写博士论文开始，居里夫人迈进了充满神奇的化学王国。她对无数的化学物质和上百种金属进行反复测试，寻找某种能放射出独特射线的物质。经过无数次的艰苦实验，终于发现了一种不为人知的能够放射出强烈射线的新元素。她的丈夫知道她的这个发现后，万分惊喜，决定放弃自己的实验，和妻子一道继续攻克这个课题。

在短短的几个月时间里，居里夫妇进行了无数次的实验。之后，他们向学术界展示了最新研究成果——有一种金属的放射性超过铀200万倍，由它发出的射线能够穿过木材、石头乃至钢铁。除了较厚的铅板，没有任何东西可以阻挡这种超强的射线。

居里夫人给这种奇特的金属元素取名为"镭"。镭与其他金属相比有很大的不同，照以前的科学理论来看，它是无法存在的，因此，学术界对居里夫妇的这一发现提出了许多质疑，并要求他们为这种物质的存在提供更有力的证据。于是，居里夫人不得不提炼出纯粹的镭，并且要测定其原子量来加以证明镭的存在。

在1898年到1902年的4年时间里，居里夫妇为了证明镭的存在进行了无数次实验。4年之后，他们付出了许多艰辛后终于提炼出只有半颗糖那么大的0.1克高纯度的镭。

这"半颗糖"是居里夫妇历尽千辛万苦换来的成果。他们找来一个被人遗弃的旧仓库当作实验室，那里四处漏风，雨天屋顶漏水，没有睡觉的地方。虽然有一个旧火炉，但早已烂得不成样子，室内和室外的温度几乎没有区别。就在这个无法再简陋的仓库里，他们熬炼了重达8吨的矿石。化学药品产生的大量有害气体，使他们的眼睛、咽喉经常发炎。在这么恶劣的环境中，他们一做就是4年。在这个过程中，丈夫居里有时感到绝望，对妻子说："等条件具备时再继续做实验吧！"但居里夫人却不愿放弃。在她的再三坚持下，珍贵的"半颗糖"终于被成功地提炼出来。

居里夫人之所以功成名就得益于这个惊人的发现。有人曾这样问过她："获得了如此巨大的荣誉，你是不是感到很幸福？…""不！"她微微一笑，说，"我最具成就感的时光，是我们资金奇缺，甚至一块床板也要租用，为贫穷所困扰的同时还要潜心研究的那些岁月。"

人们发现镭具有治疗癌症的功效，因此镭的市场被无限放大。眼看镭的需求量大幅度增加，而只有居里夫妇掌握制造它的方法，如果居里夫妇申请镭的提炼专利，他们可以从任何提炼镭的厂家手里获得丰厚的报酬。这样，将会从中赚到很多钱，糟糕的家庭经济状况不但可以改善，还可以购买一个设备齐全的实验室。但是，伟大的居里夫人没有利用自己的这一发现去获取任何财富，哪怕是一个便士。

"我绝不会那样做！"她说，"镭是我发现的，但我不是为了占有和享乐，为科学事业做一点贡献、为治疗癌症做点事儿，是我所希望的。"

1902年，居里夫妇做出了一个伟大的决定：无偿向社会转让提炼镭的专利。一生都勤勤恳恳，兢兢业业的居里夫人心甘情愿地过着简朴的生活，对她来说，最幸福的人生就是奉献。

电话发明者贝尔

出生于苏格兰爱丁堡一个中等家庭的亚历山大·格雷汗·贝尔，其祖父远近闻名，是一名非常关心聋哑残障人的慈善家，经常把一些聋哑患者召集到一起并和他们亲切地交流，当地的聋哑人对他祖父的崇拜就像对待救世主一样。

贝尔的祖父逝世后，他的父亲继续从事慈善事业，他们都希望自己所做的事情能为残疾人提供更多的支持和帮助。他的父亲专心研究人说话和发音的原理，想多学习一些这方面的知识以便帮助聋哑人。贝尔从小受家庭熏陶，耳濡目染，也希望将来在这方面有所作为。

正是这个原因，贝尔一生都在为聋哑人谋福利。他聪明而善良，拥有非同寻常的爱心和过人的智慧。一对相依为命的父子住在他家旁边的一座水磨坊里面，后来儿子长大应征入伍，孤独的老父亲留在家里，靠磨面粉维持生计。如果遇上缺水，水车就无法转动，年迈无力的老人就只能挨饿。

贝尔发现了这位孤苦伶仃的老人，他内心为老人感到难过，遇上缺水，他就找来几个好朋友一起推动石磨。刚开始的时候大家还觉得这是一种乐趣，经常去帮助老人，后来渐渐失去了兴致，不愿意去了，最后只有贝尔一个人帮助老人，而他凭借一个人的力量是无论如何也推不动那个石磨的。

贝尔坐在父亲的书房里绞尽脑汁思考着，怎样才能让石磨转动又省力呢？他琢磨了好长时间终于想出一个办法。他知道要想省力必须减小石磨转动时跟外界的摩擦，他又想到只要改良一下臼齿，利用麦粒的形状使上下磨盘的关系变得更紧密，石磨转动就会省力多了。经过试验，果然问题得到了很好的解决。村里人看到后纷纷模仿贝尔的做法改造石磨，改良后的石磨用起来要比之前省力多了。

1873年开始，美国波士顿的"音声生理学校"专门指导耳聋的孩子如何运用眼睛识别他人的发音，这里经常会聚着很多观摩者。聋哑儿童经过辅导后，即使无法听到他人的声音，也可以通过模仿说话人的唇形动作"说话"。人们竞相传说，进了那所学校，聋哑人就会学会"说话"。

"音声生理学校"由此声名远播，不仅在波士顿地区具有广泛的影响力，距离学校很远的地方也有许多父母过来看个究竟。这时贝尔就在这所学校教学，他用一些和英文字母相近的符号来指导这些聋哑孩子"发声"，这些符号分别指代在发音时的嘴唇形状、舌头位置、呼吸方法，以及喉咙和下颚的动作等，只要看明白了这些动作并加以领会，再将这些动作巧妙地组合起来，就可以慢慢发声了。

贝尔使用的这种方法被称为"看得见的话"，能帮助聋哑孩子们学习怎样发音，并教他们怎样才能说得更清晰流畅。在贝尔的辛勤努力下，孩子们学习的成果令人鼓舞。

贝尔为什么来到波士顿呢？高中毕业后，祖父和父亲的辅导，让他获得了完备的语言教育，16岁的贝尔当上了语言学校的教师，18岁那年，贝尔决定去伦敦普及聋哑儿童教育，于是他们举家搬迁到伦敦。

不久，贝尔三兄弟不幸共同患上了肺结核，他的哥哥和弟弟不幸离世。医师建议贝尔一家人选择一个空气清新、气候宜人的地方居住。悲痛的父母接受了医生的建议离开英国举家前往加拿大，在加拿大的安大略省购买了一块土地定居下来。经过一段时间的疗养，贝尔的健康状况逐渐有所好转。

那个时候，因发音学研究成果显著，贝尔的父亲广为人知，加拿大女王大学发来信函邀请他担任该校讲师，同时美国的波士顿大学也向他发来聘请函，父亲知道贝尔在发音学方面的见地比他更高明，便全力推荐了儿子去波士顿开办音声生理课程，以帮助聋哑儿童学习说话。在波士顿因为教学成绩突出，很快贝尔就被波士顿大学聘为教授，当时他只有26岁。

汤姆斯·桑德斯是一家公司的董事长，有一次他找到贝尔，说他5岁的孩子乔治至今都不会开口说话，他听人说贝尔先生在聋哑人教育上颇有造诣，就专程前来寻求帮助，他希望贝尔去塞内姆指导他的孩子发声，并进一步帮助那里更多的聋哑儿童。桑德斯走后，贝尔思考了一段时间，他知道波士顿大学缺少了他，还会找到代替他的人，而塞内姆眼下却没有人从事聋哑儿童教育工作，相对而言塞内姆更需要自己，因此他认为自己应该离开波士顿前往塞内姆。

于是贝尔向波士顿大学递交了辞职申请信，随后搬进了桑德斯在塞内姆的公馆，在那里他开始全身心地展开聋哑儿童教育工作，接受教育的有乔治和镇上所有聋哑儿童。贝尔放弃了波士顿大学教授的职衔，也避开了原来学校中的很多行政琐事，这让他的教学与研究有了更充裕的时间。

有一次在与桑德斯交谈时，贝尔问道："先生，我是否可以借用一下储藏室，我想做点活计以打发时间。"桑德斯马上叫人腾出地下室交给贝尔使用。贝尔随即搬进地下室，他随身携带了很多电池、电线等材料和工具。在摆弄电线时贝尔突然想到，流行一时的电报是用电线传导电波的，那能不能用电线来传导声波呢？

为此，他特意来到华盛顿向某知名电报技师请教："您说，可以用电线传送声波吗？"技师看了看他轻蔑地说道："阁下对电气了解得太少了，电线肯定没有这个功能啊。这样的错误，稍微有一点电气常识的人都不会犯，你还是回去好好进电学培训班补习一下吧！"听技师这样说，贝尔虽然不高兴，但并没有因此放弃自己的想法。相反他倒更迫切想弄明白他的想法是否可行。他开始利用空闲时间努力学习电气知识，并很快成为电气方面的专家。

在塞内姆的这段时间里，贝尔的教学工作十分忙碌，但他并未因此放松对自己的要求。每天吃罢晚饭后，他就急急忙忙返回地下室，继续研究，常常工作到深夜。桑德斯对贝尔的行为感到好奇，他问道："先生，您老是在地下室里摆弄这些玩意儿，一忙就是一晚上，请问这是在研究什么吗？"

"哦，我在研究怎样用电波来传送音乐。"经过一番交谈，桑德斯初步领会了贝尔的设想。富有远见的桑德斯决定承担贝尔研究所需的经费，以此来帮助贝尔完成这一发明。他还请来一个叫华生的学过电气的年轻人担任贝尔的助手。在桑德斯的资助下，贝尔的研究工作异常顺利，进展神速。

1876年3月10日，贝尔在三楼屋顶一个房间里安置了送话机，助手华生在一楼的房间安装了接话机，两部机器用铁丝连接，然后他们静静地坐在各自的机器前面，开始试验。贝尔一不小心碰翻了桌子上的瓶子，瓶子里的酸溶液溅到了贝尔的衣服上，贝尔以为华生就在旁边，赶忙大声招呼道："华生，赶快过来吧！有麻烦！"

这时，一楼接话机里猛地传来贝尔清晰的叫喊声音，华生禁不住惊跳起来，然后他激动地冲上三楼，大声喊道："先生，我听到了，听得好清楚，太伟大了！"

贝尔开始还不知道怎么回事儿，当他彻底明白之后，激动地和华生抱在一起，两人又喊又跳。后来这一天就被定为电话的发明日，而贝尔随意喊出的"华生，赶快过来吧！有麻烦！"成为通过电话传递的第一句话。

无线电发明者马可尼

　　我有幸见过一位让我们的命运发生极大改变的伟大发明家，并有幸与对方交谈了数十分钟。只需花费1/7秒时间，就能和世界各地建立广泛联络，也可以使我们懒洋洋地待在家中，通过收音机听一流乐队的演奏和白宫总统的演说，这一切就是马可尼——一位发明无线电的巨人，赐予我们的幸运。

　　多数人可能知道马可尼出生在意大利，但是很少有人知道他有着一个英国人的面孔，浅色的头发下是淡蓝色的双眼，说着一口非常标准的英语。马可尼的妈妈是爱尔兰人，马可尼算是半个爱尔兰人。在一次车祸中他的右眼不幸受伤，并最终失明，他的左眼不得不罩上一只英国式样的单片眼镜。

　　初见马可尼，他就给我留下了和蔼可亲、态度谦和的印象，他的语调温和而亲切，让人不敢相信那位伟大的人物就是他。我在报纸上看到了意大利人发明无线电报的新闻，那时我还年幼，直到某一次，我和罗维尔·托马斯在伦敦的一家饭店进餐，才有机会看见这个令人赞叹的无线电机器。不过令人感到意外的是，有一天自己竟然能够和创造这一奇迹的伟大人物坐在一起，面对面听他讲述这一切的来龙去脉！

　　我们以十分有趣的方式进行谈话。我先问他是从什么时候开始对无线电感兴趣的，他却避开这个问题不回答，反而向我讲起了他的年轻时代：他说那时自己就有环游地球的梦想，为此很想找到一个能提供这种机会的工作。然后他又说，他时常陪伴母亲外出旅游或走亲戚，比如离开意大利去伦敦。每当他们途径法国，看到白雪皑皑的山峰和急流奔腾的河流，以及美丽的田园时，他那更加炽烈的旅行愿望就会从心底迸发出来。说到这里，他说，也许只有在无线电事业上下功夫，才能让自己拥有出门远游的机会。

马可尼最终选择在家里进行实验。他渐渐掌握了无线电传输技术，并逐步将传递距离扩大到两英里远，初步成功给他带来了更大的动力。虽然他的父亲对他的行为不以为然，认为他所进行的研究纯属闲得无聊找事儿做，但是马可尼不理睬别人的看法，继续实践自己的想法。在经过几年潜心探索之后，他终于在无线电技术方面做出了非凡的成就。英国政府购买了他的研究成果，马可尼得到了25万美元的回报。这让他的父亲瞠目结舌，他自己也不明白，为什么会得到这么高的回报。

我问马可尼，后来他是怎么支配那笔钱的。他说，自己只是买了一辆自行车，然后骑着它兴冲冲地赶回家里继续做自己的实验。到了1901年，马可尼认为自己的研究已经成熟，完全可以实现自己宏伟的计划了，于是马上动身前往大西洋对岸，准备在美洲大陆接收从英国传送过来的电报。

为了从高处接收到无线电信号，他先放飞一个飞机状的丝竹风筝，但海风马上把风筝撕裂了，接着他又放飞了一个气球，结果也被大风吹落到海里了。最后，他制造了一只更加厚实的风筝，终于成功地把它放飞到天空中。

接下来的几个小时他异常紧张，他热切地等待着从大不列颠岛发来的讯号，可是没有一丝讯息，他渐渐感到失望，开始怀疑自己的实验，认为自己的一切努力都付诸东流了。然而，就在他要彻底放弃的时候，一种轻微的嘀嗒声飘荡了出来。嘀嗒、嘀嗒……他的心被这有节奏的声音惬意地敲打着，接着不由自主地狂跳起来，他激动地对自己说："对，就是这东西，这绝对是电报拍发员发出的3个S信号！"

他真想跳起来爬上屋顶，大声向全世界宣布这个消息。可是他却冷静下来，害怕别人会嗤之以鼻，所以在接下来的两天里，他坚持不让自己的快乐和激动流露出来，也没有将这个结果告诉给任何人。后来他壮胆向伦敦发送了一封电报，将这个消息告知英国当局。

消息传开，全世界立即被震惊了，全球各大报刊在头版对这件事情进行了宣传，科学界为此激动万分。从那时开始，各地的时空距离被马可尼缩短了，他让全人类跨入了一个崭新的时代！那一年他只有27岁。

然而，出人意料的是，马可尼发明无线电后，遭受到各种恶意诽谤和攻击。一些幻想家写信给他，指责他破坏了人类的身心安全，他们振振有词地说电波会穿过人的身体，摧毁人的神经，造成人们睡眠困难。有个法国人居然对外界宣布他将暗杀马可尼，暗杀的理由是为了人类的安全着想，多么荒唐可笑。

马可尼得知消息后，赶紧向苏格兰警察局提交庇护申请。英国政府立即采取措施，拒绝那个法国怪人进入英国境内，这才使得马可尼安然无忧地生活。

飞机发明者莱特兄弟

应该从哪儿开始谈论莱特兄弟所做的事呢？也许该从那天——虽然已经难以考证那一天的确切时间，但那一天的确举足轻重。那一天，奥维尔·莱特走进雷顿的一所图书馆，他不经意间翻到一本书，看到一则非常有趣的故事：

一个名叫李利安·米尔的法兰西人，造出了一个体积庞大的风筝，并用这个风筝把自己带到了天空中。虽然李利安·米尔并没有掌握并利用机械动力的能力，但是毕竟开创了人类第一次进入天空的记录。

看了这个故事，弟弟奥维尔·莱特激情澎湃，夜里翻来覆去难以入睡。第二天一大早，他就向哥哥韦伯讲述了这个故事，并提议研制飞机。他的设想得到了哥哥韦伯的支持，于是兄弟二人立刻开始研究如何制造出飞机。经过异常艰苦的工作之后，他们终于把这个大胆的设想变成了现实，兄弟俩也因此得以留名青史。

莱特兄弟俩从未跨入过高等学府的门槛，没有接受过正规的高等教育，但他们聪明的头脑和极富热情的想象力比"大学文凭"更具有价值。在还小的时候，他们就知道去乡间收集家畜的骨头，卖给肥料制造厂；把收集到的破铜烂铁卖给旧金属店。长大以后，他们经营过自行车修理店，开办过印刷厂，创办了一份周报。不过，他们的宏伟理想就是研制飞机。每当休息，他们就来到郊外，躺在草地上观察飞鸟在空中做出的各种各样的飞行动作。在随后的几年里，他们制作过大大小小的风筝，经历了一次又一次的失败，在经过一连串的改良之后，终于将自己研制的发动机装在"飞机"上。一切准备就绪，他们即将开始进行正式试飞。

1903年12月17日，历史上的一个重要日子，这天兄弟俩在出门之前打了个赌，看谁能首先驾驶他们的"飞机"飞上天空。当天的天气情况不是很好，天空布满阴霾，气温低于零摄氏度，前来观看他们飞行的几位朋友一直在原地跳跃跺脚，以此为身体增加热量。但莱特兄弟为了减轻重量，不得不脱去厚厚的外衣登上"飞机"。钟表的指针转到10点35分时，这个外貌难看的东西竟然真的飞了起来，而且还从排气管中向后排出一串串白烟，它在空中东摇西摆地足足飞行了12秒钟，然后平稳地降落在距离起飞点100英尺的地方。人类千年的飞天梦想终于实现了，人第一次和鸟儿一起在空中自由地飞翔并俯瞰大地。这是一个应该永载史册的时刻！

莱特用自己造的发动机，把体形硕大的像鸟一样的怪物送到了空中，并且让它在空中展翅"飞翔"，但是，人们却对它吹毛求疵，只是做出"仅仅这样"的评价而已，他们将这种重大发明看成没有任何价值的游戏，不愿给予过多的关注。

还有一件让人想象不到的事情发生：那天人类历史上第一个驾驶飞机上天的人——奥维尔·莱特，后来居然无法获得飞行证！从1914年起，莱特再也无法驾驶他的飞机了。原来，1908年在弗吉尼亚州的一次试飞中，他的飞机出了故障，撞死了在一旁观看飞行的一名倒霉的观众，他也受伤了。虽然他的两腿还能走路，但哪怕是轻微的震动也令他无法承受，从那以后，他就永远地与驾驶飞机无缘了。

奥维尔性格沉稳，惯于沉默，说话比较谨慎，不喜欢被人拍照，对那些前来采访的新闻记者他总是采取回避的方式，喜欢独自一人孤独生活。最了解他的人当然是他的哥哥韦伯，韦伯于1912年去世时，奥维尔陷入巨大的悲痛中，因为他不仅失去了一个值得尊敬的亲密兄长，同时也失去了一个最伟大的搭档。

像弟弟奥维尔一样，韦伯也十分谦逊。有一次，他在身上找手帕，把手插进衣袋却掏出了一根漂亮的红丝带。他的姐姐好奇地问那是什么，他若无其事地说："哦，忘记和你说了，这是法国政府颁发的荣誉勋章。"

兄弟二人十分虔诚信仰上帝，在礼拜日绝对不会驾驶飞机。有一次，西班牙国王向他们发来星期天去西班牙飞行的邀请，他们不假思索就回绝了。他们的父亲在世时，曾经让他们自己做出选择：因为家里经济条件有限，结婚和研制飞机两者无法兼得，只能二选其一。结果他们兄弟二人抉择的是研制飞机，由此两人一生未婚。

第二篇

商界大佬

大银行家摩根

谁是地球上最有权力的人？是墨索里尼还是希特勒？对于这样类似的问题，人们的答案当然会有多种，但有一点却是难以辩驳的，那就是皮尔庞特·摩根是国际金融界呼风唤雨的人物。有人说他不但领衔美国金融界，甚至毫无悬念地称霸全世界的股票和债券及银行业。不过，一直以来人们对这样一个具有巨大影响力的人物的私人生活了解得少之又少。

事实上，作为一位高深莫测的大人物，皮尔庞特·摩根出现在公共场合的时候少之又少，他性格直露，一般情况下不接待摄影记者，被人们称为"美国最不善外交辞令的人"。他体重达200多磅，高大健壮的身体让他无所畏惧，他脾气发作起来完全可以用歇斯底里来形容。一个疯子某天揣着手枪闯进他的办公室准备袭击他。摩根本来可以躲进另一间屋子里去，但他却径直迎着黑森森的枪口扑了过去。那个疯子射击的子弹打进他的腰部，让他的身体摇晃了几下，但他不顾一切地冲上去将那个疯子打倒在地，并抢下了疯子的手枪。最后他摔倒在地，被人送进医院。这一次他躲过了死神的邀请，如果子弹再向上偏移一英寸，他就会去另一个世界报到了。

普通人是不可能走进这位世界金融皇帝的办公室的。皮尔庞特·摩根的办公室坐落在纽约银街23号，那是一座低矮的卫城式建筑，游客们来到这里来参观时，都想看看这座建筑物上留下的伤痕，听导游讲述在这里曾经发生的骇人听闻的故事。1916年发生的令人心有余悸的突发事件，让40人死亡，200多人负伤，200多万美元财产损失。爆炸发生在中午下班时间，毫无觉察的人们从楼里走出来，很少有人注意到摩根大楼附近停着一辆破旧的马车和一匹瘦弱的老马。

突然间闪过一道火光，紧接着是一声巨大的声响，惊天动地的剧烈爆炸让摩根大楼摇晃起来。马车上一枚装有上百磅烈性炸药的巨型炸弹爆炸，无数炸碎的弹片伴着气流射向四面八方，千百个门窗瞬间粉碎，玻璃碎碴像暴雨一样倾泻到人行道上。顷刻之间，弥漫的尘烟中残缺的胳膊、腿，甚至还有人头从空中飞速坠下。大街上血流成河，凄厉的惨叫声和物品的撞击声此起彼伏，整个纽约银街顷刻间变成了人间地狱。在救护车和消防车的警报声的映衬下，这一悲惨的情景显得得更加恐怖。爆炸之后，只留下半边车轮和一对马蹄铁还可以证明那辆满载炸弹的马车曾存在过。

据推断，摩根是这次谋杀的目标，当时他身在欧洲，因而幸运地躲过了这场劫难。回到美国后，他表示愿意付出任何代价缉拿这次恐怖事件的元凶。联邦调查局、纽约警察局、间谍以及私人侦探立刻行动，组成了人类历史上规模最庞大的缉捕网，对世界的各个角落进行侦察搜捕，对美国所有边境严加封锁，对离开港口的船只逐一检查，加拿大和墨西哥也配合对边境进行了大范围的搜索。

为寻找线索，警方调查了纽约、芝加哥以及其他12大城市的黑社会组织。虽然这次缉捕行动耗费的款项足以赎回一位被绑架的国王，但最终却无功而返。时至今日，这个恐怖事件已经过去20多年了，其真相依旧没有被揭露出来。

从那次事件之后，摩根的办公楼下整天有两个荷枪实弹的保安人员站岗，低矮的屋顶铺上了厚厚的防爆钢板。在这所坚固、古朴的建筑里有一间密室，室内摆放着两排桌子，看上去就像小学教室里的摆设。摩根的18位助手在桌子前，摩根本人则在他们的最右边坐下，场景就像校长在主持考试。

在世界政治舞台上，没有哪家私人银行能够像摩根集团那样呼风唤雨。即便是意大利佛罗伦萨的富商美蒂奇，抑或是欧洲巨富罗斯柴尔德家族也不具备与摩根集团相提并论的实力。罗斯柴尔德家族从拿破仑手中夺回了欧洲，而作为英美盟军在美国的代理商，摩根家族的经济实力却能使盟军在世界历史上最为恐怖的战争——第一次世界大战中笑到了最后。摩根公司花费10亿美元为盟军购置了大批军需品，他们在一个月内花的钱超过了整个地球上所有的人在这一个月里花销的总和。1915年，始料未及的巨额外债终于压在了摩根财团肩上。

伦敦浓雾袅绕，在这里摩根依然保持着和在美国相似的习惯。而回到纽约之后，他在美国又像英国人那样饮下午茶。在伦敦的格罗维诺广场，他有一所房子，有仆人守候在那里，随时迎接他的到来，他却经常长达几个月甚至半年都待在美国。即便这样，为了方便他随时莅临，餐桌上还是要时刻准备着各种用品，烟囱里总是烟雾缭绕，他床上的被褥也必须经常洗换。

作为美国圣公会的核心人物，摩根长期同罗马教皇十一世往来沟通。他常和教皇在罗马的梵蒂冈交流心得。能猜到他们主要谈论什么吗？是书籍，而且是用中古时代的埃及文撰写而成的书籍。很多修道院教徒们的手稿存放在摩根的私人图书馆里，它们的历史早于哥伦布发现美洲5个多世纪，价值连城的莎士比亚剧本手稿也在其列。摩根还拥有一本最原始的《圣经》，据说这一本《圣经》价值20万美元，由此可见摩根的收藏颇丰。

人们都知晓，摩根对莎士比亚戏剧和《圣经》颇有兴致，另外，他还十分喜爱悬念丛生的侦探小说。他具备十分出色的艺术鉴赏水平，他继承了父亲在艺术鉴赏方面的许多创见。他购买名画、雕塑作品、瓷器、珠宝等，花费数以亿计的财富，纽约各大报纸经常以头版头条报道他脱手藏品的新闻。每年圣诞节前夜，他的家人及部分亲友会聚在他的图书馆，举行一个特殊的仪式，然后聆听一段节选自狄更斯《圣诞欢歌》的故事。

摩根虽然富可敌国，但一些很简单事情却能让他感到快乐，例如，他喜欢在雨中穿着一件旧衣服，戴一顶破帽子散步，享受雨点打在脸上的感觉。他和他的夫人十分相爱，1925年他的夫人离开人世后，她的卧室一直保持着她过世前的原貌。摩根夫人是被一种诡异的嗜睡病夺去了生命，摩根纵有亿贯家财却也无法拯救爱人的生命！摩根夫人很喜欢花，并因此加入一个花卉料理协会，这个协会的宗旨是号召人们亲自动手打理花园。

直到今日，我们还能看到摩根在夫人的花园里穿着整齐的工作服在锄草，代替离开人世的夫人打理那些花儿。

石油大王洛克菲勒

有三件非同寻常的事情花费了洛克菲勒的毕生精力。

第一，在洛克菲勒坐拥20亿美元时，全美国财富超过100万美元的富翁还只有五六位。洛克菲勒从事的第一份工作是顶着烈日为别人侍弄马铃薯，待遇是每小时4美分。他爱上一个姑娘却无法娶她，因为那女孩的母亲觉得他将来不可能开创出自己的事业，她认为同意这门婚事等于葬送自己女儿的青春，因此，她毫不犹豫地拒绝了这位后来的石油大王。

第二，他一生共花费大约7．5亿美元，他所花的钱高于当时的任何人。如果从耶稣降生开始算起，他每分钟要花去75美分，如果从3500年前摩西率领以色列人穿越红海算起，每天将有600美元从他钱包里消失。

第三，洛克菲勒竟然到现在还一直活着。他是最令人嫉妒的美国人，他接到过数千封宣称要将他置于死地的恐吓信，荷枪实弹的贴身警卫时刻守卫在他身边。为了他庞大的集团，他耗尽了心思和精力。

铁路大王哈里曼因在事业上过度劳累，61岁就离世了；富豪伍尔沃斯创立了"五分一角"连锁百货公司，因心力交瘁只活到了67岁；烟草大王杜克拥有上百亿美元，却只活到68岁。但是，他们三人赚的钱加起来都无法与石油大王洛克菲勒相提并论，更重要的是，后者在96岁的高龄还自如地活着。100万白种人中能活到97岁的不到3000人，到了97岁不掉牙的几乎没有，但洛克菲勒却不需要装一颗假牙。他长寿是有什么好方法吗？在很大程度上可能因为他天生的身体素质，另外，他那种镇定自如的性格也是他长寿的原因之一，没有人见到他什么时候焦虑过。洛克菲勒担任美孚石油公司经理时，就在百老汇街26号办公室里放了一把长椅，每天中午都要休息半个小时，这个习惯雷打不动，直到现在他每天仍然要小憩5次。

55岁那年，洛克菲勒突然患上了一场大病，这场大病使医学界获得洛克菲勒的数百万美元的捐赠，这些巨款主要用于公益医学研究事业。

1932年，我正好在中国，严重的霍乱袭击了这个国家，我到北京协和医院注射过防疫针，而那个医院就是洛氏财团开办的，那时我才知道洛克菲勒给世界各地人民创造的福利有多么巨大。洛氏财团长期以来一直致力于和全世界的钩虫病斗争，曾资助医学界击败了疟疾，还研制出了治疗黄热病的注射用药物。

洛克菲勒帮他的母亲养火鸡而获得了第一桶金。现在，你还可以看到很多火鸡在他那8000英亩的农场上繁衍生息，他这是为回忆童年时光而搞的。母亲给的钱都被他收集在壁炉上的一个茶杯中，他曾在一个农场干活，每天得到37美分的报酬。他把靠做工积攒的50美元借贷给他的雇主，结果发现一年收取的利息收入竟然顶他10天的工资。

从那时起，他就发誓要做金钱的主人。虽然十分富有，洛克菲勒却从不溺爱自己的儿子。举例说，住宅四周的栅栏需要修理，他会叫儿子来搬木材，并按搬每根栅木价格1美分给报酬，那天他儿子一共搬运了13根木头共收入了13美分。他还要求儿子协助他修理东西，给每小时15美分的工资。更有趣的是，他教自己母亲拉小提琴，也要按每小时5美分的价格收取母亲的学费。现在，洛克菲勒的财富还在不停地增长，每分钟大约有100美元入账。

洛克菲勒中学毕业后在一个商业学校进修了几个月，16岁开始他排斥一切学校生活。虽然他不愿意去学校，却捐给芝加哥大学5000万美元。他从不看戏、不跳舞、不玩扑克牌，更不吸烟酗酒。他每次用餐前都要祷告，每天都怀着虔诚之心阅读《圣经》。他的生活几乎与奢侈无缘，唯一的心愿就是能享有一个世纪的人生。他说过，要是到了1939年7月8日那天（100岁诞辰）他还活着，他就会组织一支乐队庆祝一番，在庄园里为自己演奏《麦琪！当我们年轻时》。

钢铁巨人卡内基

安德鲁·卡内基出生的时候，家里贫困得连医生都请不起，他开始打工的时候，每小时只有2美分的收入，然而后来却拥有4亿美元的资产。

我有两次机会去苏格兰的登弗姆林镇，卡内基出生的村子就在那里，我每次都特意去瞻仰。卡内基的家只有两间房屋，全家人都在楼顶上那间又黑又狭窄的房子里住着，楼下那一间供他父亲从事纺织工作。

卡内基全家迁居到美国后，母亲在一家鞋店修补鞋，父亲挨家挨户敲门，推销自己的桌布。当时卡内基只有一件衬衫穿，他的母亲只能在每天晚上等他睡下之后，抓紧时间把衬衫洗净、晾干、烫平，让他第二天接着穿。为了这个家，他的母亲每天只休息6到8个小时，剩余时间一直不停地劳作。

卡内基十分孝敬母亲，在22岁那年暗自决定独身直到母亲离世。他说到做到，母亲离世30年后，卡内基仍然独自一人，直到52岁他才组成家庭。62岁那年，他唯一的儿子出生。

"妈妈，将来我一定要赚很多钱，到那时你就不用这么辛苦了，我要专门为你配一辆车，让很多仆人服待你，为你买最好的丝绸衣服。"卡内基小时候常常这样对母亲发誓。他经常说他的生命和思想是他母亲赐给的，他对母亲深深的爱是他事业上的主要动力。母亲离世，他哀痛欲绝，在以后的漫长岁月里，一听到母亲的名字他就止不住热泪盈眶。一位苏格兰的老妇人就因为长得很像他的母亲而得到了他的帮助，他替她偿还了抵押房子的欠款。

　　尽管有"钢铁大王"之称，但卡内基对冶炼方面的知识却知之甚少。知人善任是他成功的最大优势。他虽然不懂冶炼，却能让众多的钢铁专家到他身边为他效力。初露锋芒的卡内基虽然还很年轻，但却具有卓越的组织能力和领导才能，使得很多人都愿意为他效力。

　　卡内基有一天捕到一只母兔，不久这只母兔生了一窝小兔子。他没有食物喂小兔子，很快他就想出了解决办法。他告诉邻家的孩子们，需要金花菜和车前草喂小兔子，谁能弄到这些食物，就用谁的名字为它们命名，以纪念那个人的"荣誉"。这一招特别灵验，小伙伴们争先恐后给这些小兔子喂食。

　　卡内基成年后在管理自己的公司时仍然采用类似的心理战术。举例来说，他要和宾夕法尼亚州铁路公司做钢轨生意，当时宾夕法尼亚州铁路公司的负责人名叫汤姆森。于是，卡内基把他麾下的一个大钢铁厂命名为"汤姆森炼钢厂"。知道这个消息后，汤姆森非常高兴，十分爽快地买下了这个炼钢厂的产品，因为他觉得那是以自己的名字命名的工厂，这笔交易，卡内基根本没费多大力气。

　　卡内基年轻时曾在匹兹堡做过电报投递工作，虽然每天只有5美分的收入，但当时在他眼里这已经非常不错了。因为他进城时间短，害怕自己丢了饭碗而无法立足，为了避免送电报时出差错，他就强迫自己必须记住商业区每一家公司、商店的招牌和地点。

　　投递员的工作不能让卡内基感到满足，他希望自己能找到从事接线工作的机会，为此他每天刻苦学习到深夜，早晨很早就赶到公司，趁同事还没到来之前用发报机实地练习发报。某天早晨，一份从费城发来的电报传到公司，而那时接线员都还没到公司，这是一份十万火急的电报，卡内基立刻决定代理接收，并以最快的速度把这封电报交到了收报人那里。

　　公司对他的行为大加赞赏，随即让他担任接线员，他的收入因此增加了两倍，从此他工作更加努力。公司对他的进取精神十分赞赏。后来宾夕法尼亚铁路公司和他所在的公司合作，共同建设一条专用的电报线路，公司决定让卡内基担任那里的接线员，后来又升任监理秘书。

因为抓住了一个意想不到的机会，卡内基能够得以大展宏图。有一天他坐火车外出旅行，邻座恰巧是一位发明家，闲聊时发明家拿出新发明的卧车模型。那时的卧车车厢只是在货车车厢中焊上几个铁床铺，结构十分简单，而这位发明家的新型卧车则具备了当今普尔曼式国际卧车的模样。

卡内基凭借苏格兰人特有的敏锐目光，马上意识到这项发明的光明前景，他随后立刻购买了这位发明家效力公司的股票，后来，如他所料，这家公司的股票迅猛上升，25岁的卡内基因为这笔投资，每年可获得5000美元分红。

铁路线上有座木制桥梁被一场火灾烧毁了，造成铁路停运。当时卡内基是该段铁路线的监理，他意识到木质桥梁因不再符合时代的发展要求会逐渐被淘汰，随之而来的必定是钢铁桥梁时代，由此，他筹措资金成立一家公司，专门从事钢铁桥架的制造。不出所料，他的钢铁桥架深受欢迎，巨额利润随之而来。

虽然这位织布匠的儿子地位低下，但似乎总是能够点石成金。他身上所发生的奇迹彰显出幸运女神对他的眷顾。他和他朋友用4万美元买下宾夕法尼亚西部产油区一块无名土地，令人意外的是这块地皮下竟然储藏有石油，每年的开采收入可达到100万美元。当时27岁的卡内基每周的收入就已高达1000美元，而在15年前，他每天的收入只有20美分。

1862年，林肯总统在位期间，轰轰烈烈的南北战争导致物价飞涨。密西西比河的西岸已经留下了开发西部者的足迹，美利坚大陆上的铁路网如雨后春笋般接连涌现在许多新兴城市，美国正行进在阳光大道上，对希望创造财富的个人来说，正是暴富的绝佳时机。

卡内基炼钢厂一直不停地运转着，他的财富如潮汐般不断上升，其速度让人瞠目。在如此短的时间内聚积如此巨大的财富，有史以来还从来没有人做到过。更令人不能理解的是，此时的卡内基很少埋头苦干，他花费一半的时间用于娱乐。他说，他手下有无数精兵良将，他们掌握的东西远胜于他，因此他无须操心过多的事务，他需要做的只是管理监督他们如何为他创造财富。

虽然卡内基是地地道道的苏格兰人，但又和苏格兰人爱财如命的性格大不相同。他喜欢慷慨地和他的伙伴共享财富，因此他成就了很多百万富翁，有史以来似乎从来没有一个人能像他这样做到这一点。

卡内基一生只读过4年书，却写下了8本著作，其中包括随笔、游记和传记。他捐赠6000万美元给国家图书馆，资助7800万美元给美国高等教育事业。他把彭斯的每一本诗集都记得倒背如流，还能背诵莎士比亚的剧本，诸如《麦克白》《李尔王》《哈姆雷特》《威尼斯商人》《罗密欧与朱丽叶》等。卡内基曾向教堂捐助7000架大风琴，但他不是教堂信徒。

卡内基说过这样一句话："丢脸的事情之一就是死守钱财。"从卡内基手上流动的资金大约有3.65亿美元，相当于每天从他手上流走100万美元。这使得美国多家媒体不断举行众多的有奖策划活动，只为他征求合理的花钱策略。

出版家博克

在经过一个面包店时，一个饥肠辘辘的穷孩子停住了脚步，橱窗里香喷喷的小圆面包和蛋糕吸引了他的目光。"是不是很好看啊？"面包师从一旁走过来对他说。这个荷兰穷孩子回答道："要是窗子再干净点，它就更漂亮了。"面包师点点头说："好的，那你能不能帮我把它擦干净？"

平生第一份工作就这样被爱德华·博克争取到手了，虽然每周报酬只有50美分，但对这个穷孩子来说这已经是很丰厚的一笔财富了。因为他是个很穷的穷小子，每天都不得不拎着小筐，去捡从拉煤车上掉下的那些碎煤渣。

博克不懂英语，刚到美国时根本听不懂老师说的是什么。他在学校里的时间总共不到6年，后来却以最优秀的杂志编辑之名载入美国新闻史。博克承认他对妇女们的需求几乎完全不了解，但是他却创办了世界上发行量最大的妇女杂志——《妇女家庭》。就在他离开杂志的那个月，这份杂志还销售了200万册。每一期杂志的封面广告费就能达到100万美元。告别长达30年之久的《妇女家庭》编辑生活后，博克写了一部名叫《爱德华·博克在美国》的回忆录。

在为面包店擦过窗户后，博克以集邮爱好者寻找绝版邮票的热情又开始准备寻找下一个职业，他星期六清早起床去街上卖报，而周末其他时间，他把冰水及柠檬水兜售给那些坐马车的旅行者。到晚上，他还要向报社交送各处举办的生日宴会和茶会的新闻稿件。这样，博克每周大约可收入20美元，这些钱是一个12岁的来美国还不到6年的孩子用课余时间一分一毫挣来的。

13岁那年博克告别了学校，到西联电报公司做了一名办公室清洁人员。他心里一直有读书的想法，于是开始了自学，他用省下来的车费和饭钱买下一本《美国名人传记大全》。他还给书中那些名人写信，请求他们把自己的童年经历介绍给他，比如他给已成为下届美国总统的加菲尔德将军写信，问他童年时在运河上是否当过纤夫；比如写信给格兰特将军询问某次战争的具体内容。格兰特将军给他回信了，在信中特意画了一张军用地图，并一一回答问题，还邀请这个14岁的孩子和自己共进晚餐，两人聊了一个晚上。

很快，这个月薪25美元的电报公司清洁工用这种方式与许多声名显赫的大人物进行了沟通。他结识的都是社会名流，比如杰出的诗人爱默生、宗教活动家布鲁克斯、著名作家霍姆斯、《小妇人》的作者奥尔科特、诗人朗费罗、林肯夫人、著名演员约瑟芬·杰斐逊以及舍曼将军。通过向这些偶像请教，他收获到他们给予的最珍贵的礼物——自信和雄心。

有一天，他看到一个人在街上打开个香烟盒子，把附赠的一张人物画揉成一团后，随意丢在地上。一直都与名人对话的慢德华·博克认为这是个机会，于是他仔细辨认那张人物画。那是一张政治家的肖像，相片的背面没有这个政治家的简单生平介绍，什么都没有。博克对自己说："要是能把这位名人的简介印在这张小纸片背面，人们看到后也许就不会轻易扔掉了。"

第二天下午，他找到了印制那张图片的公司负责人，把自己的想法极其真诚地向对方做了介绍，并讲述了这样做的好处和意义。最后，他离开的时候带走了一份为100张名人图片撰写简要生平介绍的合同。撰写一个小传他会获得10美元的报酬，合一个字10美分。不久，博克又得到了为更多名人写小传的机会。突然增加的工作量，让他有些忙不过来，于是，他就雇了几个人帮他写，报酬是写每个传记5美元，这样他就可以从中赚取一半的利润了。后来他见时机已经成熟，就从电报公司离开，进入出版业打拼。

来到费城《妇女家庭》杂志社时，博克年仅26岁，他在编辑事务这个位置上一干就是30年，把一生中的黄金时期都花在了这项事务上。"我不干了。"最后一次合上办公桌时他这样说。他这三十年确立了他在美国新闻界不可动摇的地位。

衡量一个人是否成功的标准并不只看他拥有多少钱，不过没人怀疑他拥有很多钱。爱德华·博克对普通人的贡献很大。看看我们每天吃进口的食物，由于他积极倡导修改食物清洁法规，并为之奔走疾呼，现在我们吃到的东西比以前更卫生，也更便宜了。我们的居住环境也比以前整洁了许多，这也归功于他对城市里随处都有垃圾堆的状况的毫不留情地批评和抨击。现在我们的住宅环境更舒适、更漂亮了，这离不开他对糟糕的维多利亚式建筑的批评。当时的住房既昂贵，看起来又杂乱，这是过于看重装饰的结果。博克开始聘请顶级设计师设计美观实用且价格低廉的住房，人们对他的这一举动给予了广泛的好评。罗斯福总统曾说："应该说不是建筑师的爱德华·博克对美国建筑业的贡献超过了任何一位专业的建筑师。"

博克在逝世前的10年里，积极推动绿化环境的潮流。街道两旁种植的很多树苗是他从家乡荷兰运来的，给城市披上了新装。他还倡导在所有的火车站旁栽种玫瑰花。他主持修建的最著名、最恒久的纪念性建筑是坐落于佛罗里达州的"鸟鸣塔"，现在那里绿树繁茂，鸟语花香，一座200英尺高的钟楼耸立其中，在过去那里只是一片荒凉之地。这座用粉红色大理石砌成的建筑物在阳光下熠熠生辉，美丽的倒影映在湛蓝晶莹的湖面上，如一幅迷人的风景画。

报业大王赫斯特

　　如果你拿到100万美元，你将怎样花掉它？威廉·伦道夫·赫斯特每个月都能进账100万美元，这等于说，每天他就有3万美元的进账。短短几分钟里你就能阅读完这则故事，可是他却可能又赚到100美元。

　　他的全名是威廉·伦道夫·赫斯特或威廉，但没有人这样叫他，最亲密的朋友会称他为"W．R．"，而"我们头儿"这种叫法则是他公司里的7万名员工在谈到他时的称呼。赫斯特的公司出版9种杂志，涉及种类多达24种，拥有数百万的读者，在世界上所有出版家中他的财富和影响力都位居榜首。美国的家庭和民众没有不知道他名字的，但公众对他的私人生活却不甚了解。很多美国人对这位美国大人物无话可说，但他们却能轻松谈起印度伟人甘地的很多趣事。

　　这位声名显赫的报业大王竟然具有十分羞涩的个性，这可能让你无法相信。虽然他很不喜欢和陌生人来往，但他50多年以来常常应邀在各种人面前畅谈自己的看法，事实上他最喜欢做的事是在他位于加利福尼亚的豪宅里请几十人做客，然后一个人悄无声息地离开他们独自去玩扑克。当他来到纽约之后，逛大街是最让他享受的事。

　　美国西部最大的产业是赫斯特建在加州占地达25万英亩的牧场。他的领地从海岸线直到内陆50英里之外。他拥有一座气势恢宏的摩尔式城堡，它矗立在超过太平洋海拔2000米的山顶上，他给它取名"迷人的山"。他花费数百万美元装饰这座城堡，在城堡的墙上重新挂上当年挂在法国城堡里的壁毯。在十分幽静的大厅里可以看见欧洲著名画家伦伯朗、鲁本斯和拉斐尔等人的原作。用来招待朋友的餐厅里摆放着各式各样价值连城的艺术品。

赫斯特的一个爱好是饲养野兽。他拥有的动物种类让马戏大王巴纳姆望尘莫及。成群结队的野牛、斑马、豹子、袋鼠在山上奔跑，树林中穿梭着成百上千的珍奇飞禽，在这所私人动物园里回荡着狮子和老虎的吼叫声。他非常喜爱他的动物们。

为了和他商量一件很重要的事，有一天好莱坞的一伙制片人乘飞机来找他，仅仅为了照顾一条失去半截尾巴的蜥蜴，他却让这些人等了半天。还有一次，为了给一只伤了腿的土拨鼠治伤，他派出汽艇连夜去请一位名医，为此他花去了500美元。

我的一位朋友梅尔森先生经常到法国替赫斯特购置古董。赫斯特购买艺术珍品出手阔气，购买一次就能把整艘船装满。甚至有时会买下一座城堡，把它们拆开装进箱子里然后运到美国。到了美国后再按每一块石头、砖瓦、木料的编号，把它们依次拼接起来恢复原貌。

赫斯特手里有十分丰富的艺术品，为了储藏那些暂时还派不上用场的爱物，他在纽约买下一个大仓库。照管这个仓库需要20名工人，每年各种费用总共要6万美元。仓库里有许多奇珍异宝，有布谷鸟报时钟，还有埃及出土的木乃伊。

赫斯特的父亲是一个来自密苏里州的农民。淘金热席卷全美时，准确说是1849年他跟随一队牛车奔波了两千英里，在与印第安部族的战斗中成功进入了西部金矿区，最后幸运地拥有了百万家产。

老年时赫斯特喜欢坐在自家院子里的一棵大树下休息，他发现这棵大树正好挡住了窗户，使他无法眺望大海。他知道父亲生前视那棵树为生命，因此不忍心砍掉，而是请来专业人士将那棵大树挪动了30米，共花费了4万美元。

赫斯特年逾70时还能打网球，甚至能参加比这更剧烈的运动。他打网球40年还在不停地练习球技。他是业余摄影爱好者，每年会拍摄数千张照片，摄影水平与专业摄影师能有一比。他还是狩猎爱好者，有一次他和朋友坐汽艇游玩，他冲着空中飞翔的海鸥随手开枪，一只海鸥应声落下，原来海鸥被他准确击中了翅膀。

赫斯特喜欢跳踢踏舞，脑子里有讲不完的故事，他的大脑储存着丰富的资料，如果你要让他讲英国亨利八世众多后妃的故事，或者说出美国有史以来历届总统的名字，十有八九难不倒他。有一天查理·卓别林和吉姆·沃克来赫斯特的牧场观访，他们因《圣经》中的一个片段不停地争执，直到赫斯特一字不差地把那段话背诵出来，才平息了这场激烈的争论。

赫斯特喜欢和年轻人相处，不愿意任何人对他说起"死"字。他继承了父亲3000万美元的遗产，本来可以衣食无忧，但他却每天工作8至15小时，50年来一直如此。"除非上帝召唤我，否则我就不会退休。" 赫斯特如此说。

烟草大王杜克

前一阵子，世界上最有钱的女士多丽丝·杜克结婚了，她有高达5300万美元的个人财产。因为她富甲一方，不管走到哪里，记者和摄影师都会跟着她，由此她被人称为"可怜的小富婆"。多丽丝·杜克在公共场合无法做到像普通人那样无拘无束，就连逛街挑一款自己喜欢的帽子，身边也得跟随两三个佩枪的贴身警卫。

多丽丝·杜克麾下拥有的5个大产业中，有4个在美国，另一个在法国。她在新泽西州的萨默维尔城有一个占地5000英亩的农庄，那里有辽阔的草地、清澈的湖水、芬芳的花园和优雅的别墅，呈现出一幅风光无限、美丽迷人的景象。

多丽丝·杜克的父亲凭借香烟产业聚集起了巨额财产，而她则成了全球头号女继承人。杜克家族上亿美元的财富是在南北内战时积累起来的。那时美国战火纷飞、农田荒芜，南方人生活非常困难，只能以煮栗子和棉籽的水来代替咖啡，过过口瘾；用一些植物的叶和根的混合物泡水代茶喝，用树叶替代蔬菜。

多丽丝的曾祖父叫华盛顿·杜克，曾经在南方李将军部队中效力，因李将军在里基玛德战役中战败，他作为俘虏被北方军队关进里比监狱。李将军竖起白旗投降后，华盛顿·杜克回到了自己在北卡罗来纳州达勒姆的农庄。

南方联邦政府以两匹老瞎马和一张价值5美元的南方纸币作为给华盛顿·杜克的补贴，而南方的5美元在北方政府那里就只值50美分。华盛顿·杜克就以这50美分、两匹瞎马开始闯荡天下。他要抚养他那两个没有母亲的孩子。附近的各种设施已经被战争摧毁，地里所有能吃的东西都被饥饿难忍的士兵收割了，只剩下一些绿色的烟草叶。华盛顿·杜克和两个孩子割下烟草并晒干，用棍棒拍碎后塞进布袋，驱赶着那两匹瞎马，开始了他们的创业旅程，最后竟然成为世界烟草帝国的豪门，真是令人难以置信。

两匹瞎马拉的破车载着华盛顿·杜克来到了南部不产烟草的地区，在那里，他用烟草交换咸肉和棉花，他和两个孩子就以咸肉和马铃薯为食。晚上把车停在路旁，天当被地作床。他们认为这种生活要比种烟草舒服千倍，于是，华盛顿·杜克和他的两个孩子开始专心地贩卖起烟草来。

可是他们感觉惬意的日子没过多久，强劲的竞争对手就来到了他们身边，他们都是些财大气粗的烟草商，詹姆斯·布克南·杜克，也就是多丽丝的父亲觉得应该承担起责任做些有别于他人的事情。为了在烟草市场中巩固自己的地位，他决定在美国大陆上生产纸卷烟，他把这个想法迅速付诸行动。他的这个举动为他带来了数千万美元的收入。现在卷烟盛行，光是美国人一年就要抽掉纸烟1250亿根，1881年做出生产纸烟这个决定是具有开创性意义的。实际上，早在几百年前俄国和土耳其人就开始吸纸烟，克里米亚战争时，英国军人把纸烟带回了不列颠岛。当今世界第一香烟供应国的美国，纸烟广泛为人所接受已经是1867年的事情了。

多丽丝的父亲在开始生产纸卷烟时，大部分人还在用手卷烟，后来他革命性地提高了纸烟制造效率，造出了一种生产卷烟的机器，使卷烟产量从最初的一天2500根猛增到了100万根。他还设计出第一个纸烟盒，后来出现的各种时尚的纸烟盒都借鉴了他的设计样式。

在国会决定减轻烟草税之后，詹姆斯·布克南·杜克将纸卷烟的价格压到了5美分一盒，很多对手被这个独特的手段打败了。之后，他又把目光转向新的市场。27岁的他到纽约开设工厂时暗暗对自己说："洛克菲勒是石油大王，而我一定要当上烟草大王。"

有了清晰目标之后，他拿出全部积蓄从事烟草生意。他住在一间破旧的屋子里，吃着简单的饭菜，这时他一年已经有5万美元的收入了。虽然他每顿饭的标准不超过50美分，但他却舍得出钱派代理人到世界各地考察，发展纸烟业务。他监督从生烟叶到盒装烟成品的整个流程，他很多时间在工厂里埋头苦干。他去世时，为后人留下了高达1.1亿美元的财富。

詹姆斯·布克南·杜克只读过4年书，创下的家业却有上亿美元。他曾经说："传道士和律师也许可以通过大学教育来培养，但学校对我有什么价值呢？像我这样的家伙只要拥有经商的头脑就能够生存。"他的成功究竟有什么诀窍呢？

为了弄清楚这个问题，现在我原封不动地把他的话复述出来："我在商业上之所以能有所建树，并不是我比别人有过人的天赋，而是因为我能吃苦肯干，还能坚持不懈。很多头脑优于我的人都没成功，他们需要的是毅力另外再加实际的行动。"

是不是挺有趣的，一位自认为学校没有意义的人，却花费4000万美元创办了一所大学，这所大学就是杜克大学。它坐落在北卡罗来纳州达勒姆城，多丽丝·杜克小姐是这所大学的一位财产管理人，她可能是美国大学财产管理人中最年轻的一位。多丽丝的父亲最不喜欢向人展示自己的私生活，一生当中他只接受了一位记者的采访。当记者问及他拥有如此巨大的财富是否满足时，"不！"这就是他简洁明了的回答。

"动画之父"华德·迪斯尼

美国的街头巷尾充斥着"米老鼠"和"猪小弟"的形象，这些活灵活现的动画赋予了华德·迪斯尼极高的荣誉，让他成为美国一位标志性人物。时至今日，"米老鼠"的卡通片魅力不减当年，人们在阿拉斯加这座城市成立了一个名叫"米老鼠会"的组织，不同年龄的影迷们坐满了雪屋。但是你无论如何想不到，20多岁时的华德·迪斯尼还只是个毫不起眼、默默无闻的穷小子，当他获得突如其来的成功并成为红透美国的大人物仅仅30岁。他的确也曾穷困潦倒过，不过生活的艰难压不住他向往未来的热情，他始终在努力发展自己热爱的事业，在不断探索和尝试之后，他终于在电影制作行业中获得了名利双收的回报。

华德·迪斯尼富有朝气，他年轻时的梦想是成为一名优秀的艺术家。为了实现心中的理想，他独自来到美国的堪萨斯城闯荡。他带着自己的作品找到一家报社，报社主编认为作品没有新意而不看好他的创作。初试锋芒便遭迎头打击使华德·迪斯尼大为沮丧。

经过了一番折腾之后，他得到一份替教堂作画的工作。然而这份工作获得的薪水低得连租画室的钱都无法保证，别无门路的迪斯尼只好借父亲的汽车库来当工作室。此时的华德·迪斯尼生活异常艰辛，可是后来回顾这段时光时他却说，这座有汽油味的车库可是无价之宝，给他带来的都是好运，那么，他是如何踏上成功之路的呢？

在车库里工作没人说话，实在单调乏味，不过还好，迪斯尼有一天为自己找了一只很不起眼的小老鼠做伙伴，这位不请自来的朋友经常在迪斯尼的面前跑来跑去。自从迪斯尼给它喂了一些面包渣后，它就再也不客气地经常来要东西吃，就这样你来我往迪斯尼和这只老鼠渐渐混熟，它会不时地跑到他的画板上，来来去去像是在舞蹈。

不久，迪斯尼在朋友的帮助下，来到好莱坞协助拍摄一部卡通片。这时最令他难堪的是因为长期失业身无分文。正在他一筹莫展之时，那只可爱的老鼠突然浮现在脑海里。他大受启发，唰唰几笔，一只乖巧的老鼠就跃然纸上，稍稍调整之后，一个可爱至极的卡通形象就横空出世了，迪斯尼用"米老鼠"这个美妙的名字来表达他的爱意。

很快，银幕上出现了米老鼠的形象，并得到人们的广泛称赞。从此之后，全世界各地的人们无不被这只从堪萨斯城汽车库里走出来的大名鼎鼎的明星老鼠所迷倒。无论到哪里，"米老鼠"受欢迎的程度不输于任何大影星，得到的赞誉可以媲美好莱坞电影中任何经典人物。米老鼠的配音是他亲自完成的，通过《米老鼠》迪斯尼充分展示出自己的表演天赋，片中的其他很多动物配音也是他完成的。为了配音更加拟真，迪斯尼花很多时间去动物园对动物的各种声音加以研究分析。

《米老鼠》初战告捷，迪斯尼立刻聘用了134位助手，分别负责处理画稿、字幕、音乐等事务。为了完善《米老鼠》的制作，迪斯尼组建了专门的创作机构，着手研究新的创作计划。他经常召集助手们开会探讨更广阔的创作思路，从不放过任何好的想法。迪斯尼想起了童年时母亲讲的"三只小猪和大坏狼"故事，他想把这个故事搬上银幕，然而助手们却认为这个想法不合适。迪斯尼尊重助手们的意见。可是"三只小猪"的形象一直在他的脑海里滚动着令他无法割舍，助手们在他再三说服下只好答应尽量努力实现他的想法，"既然这样，我们就开始吧。"虽然他们企图努力完成他的心愿，可是他们心里并没对这个片子抱有奢望，因为拍摄一集《米老鼠》通常需要三个月，而他们拍摄这部《三只小猪》却只用了短短两个月，因此大家只是把它当作完成一项普通任务而已。

然而令人他们惊讶不已的是，这部片子竟然在整个美国引起了巨大轰动，影片中的歌曲在大街上不绝于耳："谁怕那只大坏狼，大坏狼，大坏狼……"《三只小猪》再一次为迪斯尼公司带来殊荣。迪斯尼在一次交谈中说，各大电影院先后重映了《三只小猪》7次，而观众们却还是觉得不够过瘾，这是动物卡通片有史以来的最大效益。人们都估算，迪斯尼公司这部影片至少获得30万美元的利润，然而迪斯尼却说《三只小猪》只赚了12.5万美元。赚钱多少不是问题的关键，而更应看重的是影片的艺术价值，说到这一点，应该承认迪斯尼所制作的卡通片确实具有深远意义。事实就是这样，直到现在还有一些剧院不厌其烦地放映老版的《米老鼠》影片呢。

充实的生活让迪斯尼感到很快乐，他为动物卡通片付出了不懈努力，他并不只是为了钱，更多的是出于自己的兴趣，这才是最重要也是最珍贵的。

第三篇

政界巨擘

法兰西帝国皇帝拿破仑

拿破仑有七个兄弟姐妹，他排行老二。他不是很合群，小时候就性格孤僻、寡言少语。他的兄弟姐妹经常在一起玩耍，不时发出阵阵愉快的声音，而这时，拿破仑却悄悄地溜走，独自一个人来到不被人知的石洞，斜靠在洞口大石头上，翻着书籍看，有时，他凝望着地中海的辽阔海面，有时又久久地注视着蓝色天空，一个个阳光明媚的半天时间就这样过去了，没有人知道他那小脑袋瓜里到底在想些什么。

10岁的时候，即1779年，他被送到法国东部布里埃纳城一所公立军事学校进修。布里埃纳军校给人的感觉并不是很好，这里的老学员总是欺负新人，纪律又十分严苛。来自科西嘉的拿破仑穿着破旧衣衫，受到了法国贵族后裔们的嘲弄，这严重损伤了他的自尊心。他实在难以忍受，只好写信给父亲："在这些富有而傲慢的猪面前我难道必须一直压抑下去吗？"父亲回信告诉他："因为我们很穷，所以你应当在那里坚持到毕业。"在那所学校他勉强待了5年。在这段时间里他打下了坚实的教育基础，这对他来说是最重要的。

15岁时拿破仑以优异的成绩考入皇家军事学院，得以继续接受教育，在这里他利用空闲时间认真自学，掌握了很多最新军事知识，他还自学了大量军事和政治史方面的著作。这期间，他保持了一贯的勤奋，以往那种暴躁易怒的脾气逐渐被克服掉了。他不再像从前那样沉默寡言，开始以乐观心态与人交往。

拿破仑用几年时间做了400多页的读书笔记。在自己的寓所里他常常把自己扮成一个司令官。他在科西嘉岛的地图上分门别类标出各个军事据点，并标明那些应当注意防范的地方，又把该计算的地方认真加以计算，他的计算能力得以快速提高。

拿破仑超强的能力被他的上司发现，于是上司派他处理一些很难的计算事务。结果他把这项工作做得十分圆满，因此受到上司的另眼相看。毕业后拿破仑希望去南方瓦朗斯城的一个炮兵团的愿望得到满足，从此开始了他的军事生涯。

法国在1792年的法奥战争中打了败仗，这引起巴黎人民的仇恨。愤怒的人民于6月20日冲入国王内宫，逼迫国王站在庭院的窗口头戴红色尖帽向民众认罪，拿破仑路过刚好看到这一情景，他对这个懦弱而优柔寡断的国王十分蔑视。"怎么可以如此纵容这群暴民的行为，太糟糕了！应当用大炮击毙几百人，其他的人就成乌合之众了。" 8月10日，拿破仑再一次看见巴黎群众攻打杜伊勒里宫。作为一名军人，他为国王的软弱感到愤慨和惋惜。"如果路易十六拿起战刀，胜利根本不是问题。"他在写给哥哥约瑟夫的信中这样说。

为了彻底消除外来的军事压力，击溃欧洲第一次反法同盟，法国督政府把实力强大的奥地利军队为主要作战对象，准备于1796年展开积极的进攻。为此，当时已经成为巴黎卫戍司令的拿破仑做出了一套南线作战方案。在认真核查他的建议可行性价值后，督政府采纳了拿破仑的作战计划，同时让他代替舍雷尔将军接管原意大利军团。

可是，只有27岁的拿破仑想要接过这支庞大军队的指挥权并不是件容易的事。那些下属军官只服从有威信的或者有资历的长官，身材矮小、说话还带科西嘉味的拿破仑却不具备这些条件，因此这些人根本不把这个年轻的司令放在眼里，经常与拿破仑顶嘴。有一次，拿破仑与个子高大而傲慢的奥热罗将军较上了劲，他仰着头说道："将军，你个子刚好比我高出一头，但如果你对我无礼，我会立刻砍掉这个差别。"拿破仑绝不能容忍下属发出任何排斥自己的声音，如果有谁胆敢和他对着干，不管职位高低他都会让对方屈服。

需要承认的是，拿破仑的权威并不只是靠这种强硬的思想建立起来的，他所具备的科学和文史知识也在发挥作用。在一次远征时他带上很多科学研究及工程技术人员。这支科学团队由著名数学家蒙日和化学家贝托莱带队，包括21名数学家、3名天文学家、17名民用工程师、13名博物学家和矿业工程师、13名地理学家、3名火药工程师、3名建筑师、8名设计师和绘图师、10名机械师、1名雕刻家、15名翻译、10名印刷工人等。同时携带了大量的书籍，包括荷马的著作、维吉尔的诗集、卢梭的《新爱洛绮丝》、歌德的《少年维特之烦恼》、阿里昂的《亚历山大大帝》、雷纳尔的《欧洲人在东西印度开辟商业的政治和哲学史》，还有伏尔泰、孟德斯鸠的著作，连《圣经》《古兰经》《吠陀经》等宗教书籍也一并带上。

拿破仑认真研究过亚历山大、汉尼拔和恺撒等军事家的作战经验，并把中世纪英国各个时代的国王列出图表，悉心钻研从恺撒到威廉三世时期的英国历史，为此他花费了很多时间和精力，据他自己讲，他每天只有六七个小时的休息时间。

霍兰·罗斯教授说："拿破仑在学校时完全是一个叛逆者，然而当他的理智一旦被唤醒，他会成为一头能力超强的巨兽，吞下所有进入其思考范围的资料并嚼烂，然后将它们分门别类地消化掉，以备日后使用。这一切都是他在军事训练的空隙时间并克服健康和经济上的困难后完成的。"

拿破仑一直对政治学说深感兴趣，他深受卢梭的《社会契约论》的影响。1786年《社会契约论》问世后，震撼了当时的思想界，并对法国大革命产生决定性的影响。

为什么这部著作对拿破仑有这么大的吸引力呢？因为它宣布授予科西嘉自由、独立的权力。之后的一年法国大革命爆发了，1789年7月巴黎民众攻陷巴士底狱。法国大革命给拿破仑带来大显身手的机会。在过往10年中他与贵族子弟们一同接受教育，然而他从不把自己当作他们的同类，因为他难以忘记自己曾被这些人嘲弄和歧视。尽管10年来路易十六国王给予了他生活和教育资金，但他不可能为君主政体效力。此外，他认为自己的祖国是科西嘉而不是法国，他期望有朝一日搅乱乾坤，届时他的故国就会因此独立。

拿破仑不仅拥有完善的专业军事技能，而且擅长从席卷欧洲的法国革命、科西嘉人特有的阴谋手段中吸取"营养"，逐渐具备了驰骋天下的领袖才干。

凭借自己卓越的军事才能，拿破仑亲自率军拼杀战场，纵横欧洲。连续20年里他参加了大大小小50多次战役，创造了无数人类战争史上的奇迹。1798年，英、俄、奥、土等国组成第二次反法同盟，法国国内政局风云突起，其时正在埃及的拿破仑率领几个随从回到巴黎，受到各个社会阶层，尤其是新兴大资产阶级的拥护。1799年，拿破仑发动"雾月政变"夺取政权。他上台后开始修改宪法，设立帝制，随后加冕称帝，开启拿破仑一世时代。

"圣雄"甘地

几十年前，一张小床上躺着一个衣着破旧、身材瘦小的印度人，当他向外界宣布自己绝食的决定时显得异常平静，同时他还号召自己的同胞吃素食。当他死去的消息传到世界各地时，各大报纸纷纷在头版刊登这条新闻，全人类都为他的去世哀恸不已。这个绝食者无可争议地位列20世纪伟大人物之列，他的名字叫甘地。

如果单从拥有的物质财富来讲，甘地当然是个极为贫穷的人，有人说他所有的家产价值即使翻几倍也卖不了10美元。然而，世界上又有哪个有钱人的地位能够和他相比呢？听甘地演说的听众之多能让所有演讲家望而生畏。一个人即使身躯庞大，但是他的力量却无法达到千斤。甘地瘦小身材虽然没有一百磅，却可以拥有聚集所有印度人的号召力。

甘地有很多奇闻趣事，还是从他的那副假牙开始吧。在离开饭桌后，甘地习惯性地将假牙放在自己衣服口袋里，只有在吃饭的时候他才会拿出来戴上。吃完食物再用水冲洗，然后塞回口袋里。一个爱尔兰人教授甘地英语，所以甘地的英语里总是有一股爱尔兰口味。当他在伦敦进修时，穿着打扮和英国绅士相同，当时的他头戴丝质帽子，身披大礼服，手里拎着一根手杖。返回印度后他披着半长的破旧衣裳，从此他的这种装束没再改变。

甘地有过一段律师经历，那是他在伦敦大学肄业后，不过似乎没有取得什么成绩，第一次上法庭辩护时他紧张得两条腿不住地颤抖，从那以后他就离开了律师行业。也许你会觉得甘地的办事能力不甚高明吧？事实并不是这样。虽然他没有成为优秀律师，但在另一件事情上他却做得非常出色，凭借它每年都可以收入15000美元。

他怎样花费这笔钱呢？一般人可能都想不到他的做法。甘地一心扑在维护印度同胞的权利上，他不忍心看到民众挣扎在苦难之中，看到同胞们死于饥饿他更加痛心。他觉得个人的成就无足轻重，应该把自己的钱用到最重要的地方。出于这种想法，他决定用那些钱支持慈善事业，为大众的权利和幸福献出自己的一生，帮助所有生活困苦的人。

当时印度处于英国的殖民统治之下，甘地呼吁印度人民为争取民族独立起来反抗政府。他所主张的"不合作主义"思想深受美国的大卫·萨罗的影响。大卫·萨罗毕业于哈佛大学，毕业后，萨罗没有找工作，而是独自在荒凉的海滨建造了一间茅屋，并居住在那里。因不愿意交税他被政府监禁，可是这丝毫不能动摇他不纳税的思想，出狱不久他就著书立说，把"每个人都可以不纳税"的观点阐发出来，提出许多前所未有的主张。

这本书对甘地的影响非常大，他决定以这种思想为武器和英国当局抗争。他痛恨大英帝国是因为英国对印度主权的干涉导致印度并没有获得实际意义上的独立。他呼吁印度人民："宁可坐牢，也不纳税！"他不停地向当局提出抗议。在他的号召下，整个印度席卷起抵制英货的风潮。当英国当局收取盐税时，他呼唤民众自己晒盐，绝不向政府纳税。

印度教有十分严格的等级划分，在这种教义的主宰下，成千上万人被划入卑贱的行列，这使他们永远无法摆脱贫穷困苦。这种现象为什么会存在呢？我们不妨用个比方做解释：现在你就是一个为人正直而诚实的印度人，从没犯过错。可是如果你的某位祖先在不知多少年前做过坏事，那么印度教教义就会宣称，你要为祖先犯下的过错接受惩罚，所以不但你的祖先被视为地位低下，他卑贱的名声也会落到千百年后你的身上，甚至你的子子孙孙都会如此，你不得不承受他人的打压，你没有资格喝甘甜的泉水，只能喝污秽的脏水。

长此以往，你也会默认了自己的卑贱人格：你去买东西，但不会走进商店，只能老老实实站在门外，等着别人把你想要的东西扔给你。

你不能像其他人那样走进学校接受教育，也没有资格在法庭上为自己辩护，你就得像过街老鼠一样被人辱骂，如果你的影子不小心覆盖到了食物上，那些食物就不能食用了，只能当作废物扔进垃圾堆。

没有几个人知道，在这种制度下居然生存着几千万印度人。对这种现状甘地自然不能熟视无睹，为了帮这些人获得应有的幸福和权利，他决心为他们的命运进行抗争。为此他不但大声疾呼，而且用行动收养了一个低等种姓的小女孩，像对待自己的亲生女儿一样抚养她长大成人。

甘地一生挥舞着火炬勇敢地向社会的黑暗和不公发起挑战并与之做斗争。他的努力和奉献换取的是印度逐渐战胜了愚昧并摆脱了落后，一个独立自由的新印度慢慢形成。在人们眼中，甘地是一位伟大的贤人，有人把他看作印度神降世，有人则称他为"圣雄"。正是在他的不懈努力下，印度人民才摆脱了数百年的噩梦，投身于建设民族国家的奋斗中。

美国之父华盛顿

在学校读书的时候，华盛顿每门功课的成绩都很优秀，尤其数学成绩更为突出。他努力学习土地测量学的前沿知识，并掌握了测量操作技术，他还把所学的知识灵活运用，完成了对身边的地形的测量并画出图表。就像与人交易土地一样，在小本子上他准确地记录测量的结果。在很小的时候，他就以相当认真严谨的态度做事，而且对所有的事情都要求自己做得尽量完美，从来没有出现过半途而废的情况。这样的做事态度使得他养成了一种有条理、坚持到底的工作风格。

小华盛顿和乔治·威廉·费尔法克斯勋爵在一个城市居住，费尔法克斯是劳伦斯的岳父，而劳伦斯是华盛顿的哥哥。费尔法克斯一家人对华盛顿的才能都非常欣赏。不足16岁的华盛顿体格健硕，模样不像少年，早年经受的磨炼让他举手投足显得庄重果断，具有十足的男子汉气息，同时他的坦诚和谦逊也赢得了人们的好感。

费尔法克斯勋爵有一块土地从没有经过测量。这块土地最优良的部分被一些非法移民抢占并开荒耕种。费尔法克斯把那些土地分成小块，租售给那些强占者，或干脆把他们赶走，因此他急切希望测量这块土地。在他看了华盛顿的测量作业本后，发现他的测量作业记录详细，并且一丝不苟。勋爵立即委托华盛顿去勘探那块土地。华盛顿欣然应允诺勋爵的要求，他也想验证自己的能力。

费尔法克斯和华盛顿于1748年春天踏上了勘探之路，当时华盛顿刚满16岁。他们有两个多星期逗留在弗雷德里克的荒凉山区和波托马克河的南岸，在那里他们进行勘探地形、测量土地，限于条件，他们经常风餐露宿，猎取野火鸡填饱肚子，刮风下雨时帐篷多次被风刮翻，他们被大雨浇得宛如落汤鸡一般。有一次半夜华盛顿的草席忽然起火，幸亏一位同伴及时把他叫醒。

这次勘探让华盛顿获得了许多实际经验。后来，在军队的哥哥劳伦斯染上了结核病，华盛顿陪同哥哥去巴贝尔岛医治，但劳伦斯的病情日渐恶化，不久病逝。哥哥死后，华盛顿报名参军，不久便成为陆军少校。他在军队的表现用出色二字来形容显然不够分量，后来他被提升为北方军区司令官。

这时候，英法两国为争夺北美殖民地纷争不断。阿勒格尼山以西，从大湖地区延伸到俄亥俄河这一地带幅员辽阔，来往通商贸易非常便利，内有许多天然的猎场和渔场。英法两军企图将这片土地归为己有，因此不可避免地发生了一系列争斗。刚开始的时候，华盛顿的威信并不是建立在伟大的胜利和赫赫的战功之上的，而是在艰苦环境和军事困境中获得的，换句话说，他的威信是在打败仗中获得的。

由于华盛顿在过去的战争中有着卓越表现和显赫功绩，因此在危急存亡之际他被推选为陆军总司令。战争的发展形势让华盛顿清醒意识到，只有北美独立美利坚民族才会有希望。虽然总是打败仗，但华盛顿那种面临考验而临危不惧的优秀品质被眼光独到的弗吉尼亚人民所察觉，他那种在逆境中表现出的不屈不挠的精神和运筹帷幄的才能得到了全美人民的赞扬，因此他们给予了他高度的肯定和赞扬。

不久，联邦宪法在大陆会议上通过投票选举华盛顿为总统。在考虑是否接受总统大位的时候，华盛顿表现出应有的谦逊。与在战场上相比，生活中华盛顿的表现有所不同。

华盛顿对黑人的生活福利保障格外关心，他有时会亲自照料那些生病的黑人，但是却不能容忍他们在干活当中偷懒，他对他们要求很严格，在分配给他们任务的时候，要求他们必须努力去完成。为了防止他们在工作中偷懒，华盛顿有时会亲自监工。有一次他把砍树的任务交给4个黑人木匠，为了验证这些黑人是否认真干活，他对他们一天的工作进行了考量，他分别计算了他们准备工具、砍树、清理多余枝条这些过程所需要的时间，然后记录在案，这样他就清楚他们是不是在认真工作。

华盛顿不是冷漠刻板的人，闲暇里他和朋友们聚在一起喜欢玩出一些新花样。有次，他和铁匠们一起造出一副铧犁，然后非常认真地把它套在马身上，在满是杂草的荒地里进行试验，似乎忘记了那两匹马能否吃得消。他还喜爱打猎，经常一大早骑马出去，每次打猎回来都要和朋友们一起分享烹饪猎物的喜悦。

华盛顿接到当选总统的正式通知，在起启程前往总统府之前，他说愿意为自己的国家献出一切，愿意为美国人民尽自己的义务，他要尽力成为一名让人民信任的总统。动身前往纽约前，华盛顿专程去弗雷德里克斯堡探望了母亲。

在华盛顿67岁病逝前不久，美国政府决定正式以他的名字命名美国首都，以此来纪念这位伟大的总统。

最佳总统罗斯福

让我终生难忘的一件事发生在1919年1月，那时我正在部队效力，按规定，我们驻扎在长岛的阿普顿营地。一天下午，在营地附近的小山上，一队士兵列队向天鸣枪致哀，原来美国历史上声名卓著的总统西奥多·罗斯福与世长辞了！那一年他并不算年老，比律师克拉伦斯·丹诺小1岁，比出版家赫斯特大4岁。

发生在罗斯福身上的很多事似乎都具有传奇色彩，他近视严重，如果不戴眼镜，10码之外认不出自己的朋友。他曾在非洲打死过雄狮，是无与伦比的神枪手，没人敢否认他是打猎好手的事实，但他一辈子没有钓过鱼，也没有射杀过飞禽。

罗斯福小时候面色苍白、体弱多病，还饱受哮喘病的困扰。为了锻炼自己的意志，他做出了去茫茫西部当一名牛仔的决定，白天他在辽阔草原上策马飞奔，夜晚就在浩渺星空之下露宿，这样他渐渐练就出了强健的体魄，以至于后来竟然敢挑战当时著名的拳击手迈克·多诺万。他曾经在南美洲的丛林中探险，也曾把足迹留在高耸入云的少女峰和马特峰之上，他的身影还出现在古巴圣胡安山上冒着枪林弹雨冲锋陷阵的队伍中。

在自传中，罗斯福说自己小时候非常害怕自己受伤，可后来，他却在种种冒险中折断了手腕、鼻子、肋骨和肩膀。即使这样，他的冒险行为也没有停止。在达科他州当牛仔时，他经常从马背上摔下来，有时候骨头都摔断了，他也要坚持爬上马鞍，驱赶着牛群继续前行。他锻炼勇气的方法是故意逼迫自己去做平时不敢尝试的事情。虽然当时内心非常恐惧，但他强迫自己打起精神，决不半途而废，即使面对非洲的雄狮和战场上的硝烟他也从未退缩。他采用的就是这种简单方法，把自己从一个胆怯、懦弱的孩子打造成了一个无畏的男子汉。

罗斯福赴某地演讲时胸部被子弹击中的事儿发生在1912年。当时他没有告诉任何人自己中弹，依然像没事一样站在讲台演说，最后因失血过多倒在讲台上，这时人们才发现，并把他送进医院。

在白宫主政的岁月里，罗斯福总是把一支手枪放在枕头下面，出去散步时，也带上枪。在任期间，曾与一位炮兵队长发生冲突，对方一拳打中他的左眼，导致他左眼血管爆裂，无法视物，不过罗斯福不愿意把伤情告知那位年轻的军官。那位军官还以为罗斯福体力不支，因为罗斯福拒绝了军官提出和他再次比试的要求。数年后，罗斯福的左眼彻底无法视物了，可是那位军官依然不知道真实情况。

罗斯福喜欢简朴的生活，为了给牡蛎湾的总统别墅取暖，他亲自去劈柴，偶尔还会到田野里去捡一些干草用来引火。有趣的是，他还要求园丁为他付薪水。

晚上，罗斯福偶尔会喝一小杯掺了白兰地的牛奶。对自己的这种习惯他并未在意，但有人造谣说他酗酒。为了澄清事实，在忍无可忍的情况下他以诽谤罪把那个人告上法庭。

罗斯福酷爱阅读，身为总统虽然工作很繁忙，但他还是抽出时间阅读了大量书籍。他会挑选一个固定的日子，用整个下午时间接待来访者，这些访客与他见面只有可怜的五分钟，甚至在来访者短短十几秒进出时间里，他也会拿起书来阅读。他出门旅行通常会带一套袖珍版的《莎士比亚全集》。早年他在达科他州放牧时，经常坐在帐篷外的篝火边大声朗诵《哈姆雷特》。在去巴西丛林的路上，每天睡前他都要把吉朋的《罗马帝国衰亡史》拿出来阅读。

尽管罗斯福唱歌总是跑调，也不会演奏任何乐器，但他酷爱音乐。每当独自工作时，经常哼唱《我主就在你身边》。有次他骑马经过西部一个城市的繁华区，嘴里不停地唱着《我主就在你身边》，同时，手里还挥舞着帽子向前来迎接他的人致意。

罗斯福时常会做出一些匪夷所思的举动。有天他在白宫的办公室里办公时突然心血来潮，顺手拨通了华盛顿一家大报记者的电话，要求那位记者立即到自己办公室。该报的发行人高兴地以为总统要透露和时局有关的秘密，于是，他立即要求所有工作人员准备发行增刊。那位记者急忙赶到白宫，见面后罗斯福却根本不提政治时局。他像大孩子似的让记者随他来到白宫院内的一棵老树下，请他观看一窝刚出生的小猫头鹰。

还有一次，罗斯福乘总统专列去美国西部某地考察，和一些政界名人在车厢里交谈时，他突然看到车窗外的玉米地里站着的一位老农手拿帽子挥动着，罗斯福知道这个农夫是在向他致意，于是他立刻跑到火车最后一节车厢，挥舞自己的帽子高兴地向那位老农还礼。这是真心实意地表示对人民的爱，而不是在演戏。

晚年的罗斯福身体状况堪忧，当时他虽然还不到70岁，有几次他说自己已经老朽不堪。他给一位老朋友写信说："不知道何时会突然告别这个世界，你我都已是风烛残年。"

最终这位深受人们爱戴的总统在熟睡中平静地离开了人世，时间定格在1919年1月4日。告别这个自己曾经叱咤风云的舞台前，他留给后人的最后几个字是："请把灯灭了吧。"

"博士总统"威尔逊

到底该怎样评价威尔逊总统？答案不一，有人说他的天才世间少有，也有人说他是有史以来的最大失败者。他缔造了世界和平的雏形——国际联盟，又几乎将自己的全部精力用在国际联盟的舞台上，但是却最终成了自己理想的牺牲者。

1919年，威尔逊总统满怀为人类创造和平的理想和信念横渡大西洋远赴欧罗巴参加国际会议。在那个时代世人把他视为救星，在连年兵荒、遍地哀鸿的欧洲大陆他受到至高无上的拥护和爱戴。饱尝战乱的农民在他的画像前点上蜡烛像朝拜一般崇拜他，虔诚地希望他能为大众驱走灾难，一时间全世界都拜倒在他脚下。不过，这种令他陶醉的情景仅维持了3个月，他返回美国时垂头丧气，内心充满焦虑。他树敌无数，有很多朋友离他而去。

历史书中的威尔逊总统冷静、庄重，但缺乏普通人的温情，如同一位理想主义的教师。事实上，威尔逊具有广泛的同情心，愿意与人交流。然而，他总是表现得很羞涩，这使得他让人感觉孤高，无法亲近。他曾感慨道："我很无奈，我愿意牺牲所有的一切来改变这种性格，但我很难做到！"

有时威尔逊也想让自己放肆一些。在韦斯利大学任教期间，他在观看一场足球比赛时兴奋至极，竟然跳进场内呐喊助威；在百慕大大学教书时为了与那些黑人船夫交谈，他经常去帮助他们划船。

在美国总统中，威尔逊恐怕是最有学问的，可能没人相信他11岁时才慢慢开始认字。他缺少艺术爱好，最大的兴趣是读侦探小说。他常说自己宁肯到"1美分商店"购买一张石印五彩画，也不想看那些所谓的名家名作，不管它们有多高的价值。这位生活在大学里的绅士教授说，他宁愿去看一场低俗的滑稽剧，也不会去欣赏所谓高雅的莎士比亚名剧。他说自己不是为了学会什么道理而去剧院的，去剧院的目的是为了消遣。他几乎每周都要去看一场类似杂耍魔术的表演，当了总统仍然不改自己的这个爱好。

威尔逊一生大部分时间过着穷困的生活。他当教授时的薪水还不够养家，无奈妻子只得靠卖自己的画来补贴家里开销。当教授时威尔逊没有能力购买自己喜欢的衣服，入住白宫后，虽然有钱买衣服，可他同林肯总统一样不注重外表。一天，仆人坚持要把威尔逊的一件旧西服送到裁缝那里修修衣襟，但是威尔逊却说："我看没有必要，再穿一年没什么问题。"

威尔逊总统对饮食也毫不讲究，这点和林肯总统十分相似。什么样的食物摆在面前他都敢咽下去，几乎不知道每天自己的胃里都装些什么。他破天荒地抽了人生中第一支雪茄，其实也不能算是一支，因为只抽了一半，却因此害了一场病。

他唯一的喜好是买一些自己认为有趣的书籍。威尔逊表面上让人觉得冷漠，其实在他那张冰冷的面孔之下隐藏着一颗热情四溢的心。真正了解他的人都说他比罗斯福总统更容易动感情。他当了总统后做的第一件事就是买了一件非常考究的裘皮大衣送给妻子。妻子在他担任总统的第二年去世，悲痛万分的威尔逊竟然不允许把妻子的遗体搬出白宫。他把她放在沙发上，整整守护了三天三夜。

威尔逊总统有着"最睿智伟人"的美誉。他不擅长外语，也不熟悉世界文学名著，对科学不太在意，对哲学更是缺少关注。最早他从事律师职业，但没有取得丝毫的成就，接手的唯一的案子是帮一位顾客打点财产，而这位顾客却是他的母亲。

缺乏做事的策略和手腕是威尔逊性格的一个重要特征。从他晚年的回忆录中可以看出，成为一名优秀的政治家是他一生的愿望，他经常用好几个小时的时间在自己的房间里练演讲。他高标准要求自己，为了提醒自己姿势得当，他甚至把图表贴在墙上。

遗憾的是，他虽然知道自我调整的重要性，却忽略了更为关键的一件事——掌握与人相处的要领。在逝世前不久，他还在与参议院主席争吵，和最亲密的朋友豪斯上校闹翻，最后，又得罪了无数美国公众，就因为他劝说国民只把票投给民主党人。

参加国际联盟的提议被美国参议院否决后，威尔逊索性直接要求举行全民公决。医生警告他不要过度劳累，但是他丝毫没有重视医生的劝告，到了最后的总统任期，这位曾经改变全球的睿智天才，竟然虚弱到必须靠人帮助才能签名的程度。

在他卸任后，每天前来拜见他的人从四面八方赶来。他死后，人们像潮水般络绎不绝地前来为他祈祷哀悼。

英国首相丘吉尔

美国南北战争爆发前4年的1857年，美国经济状况极其糟糕，但一位名叫雷诺·杰鲁姆的人却在纽约股市如鱼得水，他在这一年里有600万美元的净入账。这让他欣喜不已，然而谁也没有想到，他的好运气重要到使整个人类的历史进程受到影响。为什么会这样呢？因为雷诺·杰鲁姆如果在股市上没有这么大一笔的收入，世界历史的记载恐怕就不会出现温斯顿·丘吉尔这个名字了，因为杰鲁姆就是丘吉尔的外祖父。

拿出这600万美元中的一部分，雷诺·杰鲁姆买下了《纽约时报》的股票，又在美国开了两座赛马场，他的这些投资所产生的巨额的财富迅速使他的腰包鼓了起来，他开始到世界旅游，有意识结识英国一些上流人士。他的女儿珍妮·杰鲁姆得以和英国贵族朗道鲁夫·丘吉尔相识，并凭借美国女性的魅力将其俘获。1874年11月30日，他们的儿子温斯顿·丘吉尔在英格兰历史最悠久的一座城市布莱尼姆堡呱呱坠地，因此说温斯顿·丘吉尔算半个美国人。

30多年里，这位享誉世界的风流人物、英国当代最杰出的军事家和伟大的政治家牢牢地把握着世界历史的走向。1911年他以文官的身份加入英国海军，后来做了海军大臣，开始掌控英国海军最高权力，起着左右时局的作用。他的政治活动在对英国的命运产生决定性影响的同时，也深刻地影响着世界局势的走向。

做一名军人是丘吉尔从小就有的志向，他常常以军队的标准自我衡量、自我要求，他的玩具一行行地整齐排列绝不马虎。他和伙伴们常玩一些涉及军事内容的游戏。他开始为英国海军效力是在取得英格兰赫斯特陆军学院的学位之后，他曾是班格尔枪骑兵连的一员，赴印度为帝国作战，他曾在基奇纳将军的率领下与苏丹沙漠里的土著军队作战。在1900年非洲战役中，丘吉尔以自己的果敢和坚毅名震欧洲，26岁的丘吉尔通过这次行动成为国会议员。

事情的经过是这样的：南非的英军1899年开始和布尔人作战，伦敦《晨邮报》记者丘吉尔被报社特派到前线进行报道，报社给他的月薪是1250英镑，这在当时是相当可观的。丘吉尔以他令人信服的杰出才能成为英国历史上最杰出的记者之一。更为有趣的是，在他发送前线第一手消息的同时，他本人也常常成为新闻同行所关注的对象。举个例子，他为了获得第一手资料，有一次不顾个人安危深入敌后进行采访，结果不小心被布尔人抓到，在经历了各种磨难之后他逃出了战俘营。同在战场附近的其他记者把他的这些传奇经历写成最新消息发回到不列颠本土。

丘吉尔逃出战俘营后有关他去向的任何消息，在那段时间里成为所有英国人关注的焦点，人们为他的处境担心，祈祷他能顺利逃脱敌人的追捕。布尔人发出了通缉丘吉尔的悬赏令，执意要抓住这个让他们头疼的英国贵族后裔，甚至不论死活。这边，丘吉尔逃出后用急行军的速度翻过铁路、桥梁，走过山丘、草地，一连跑出几百英里。沿途时常可以看到布尔人军队，丘吉尔小心翼翼避开敌人的追捕，他有时徒步行进在崎岖小路上，有时钻进货运车厢通过敌军哨所。丘吉尔曾在森林和荒野里度过不眠之夜，也曾整夜蹲在矿坑中，还曾步履艰难地行进在四处泥潭的沼泽地里。在穿越非洲大草原时，他看到饥饿的秃鹰在头顶盘旋，等待着他变成尸体成为美餐的那一刻。

丘吉尔这些惊心动魄的经历陆陆续续出现在英国的报纸杂志上。他所经历的那些事情本身就具有轰动效应，加上他本人极为生动的描述，这让他迅速成为英雄色彩十足的传奇记者，被视为新闻界最为耀眼的明星。人们争先恐后购买报纸以阅读他的文章，他的一举一动都成了举国谈论的焦点。当他成功回到英国时，他已经完全是人们眼里的民族英雄，有人甚至激动地为他谱写赞歌。丘吉尔关于这次经历的演说盛况空前，场下听众人山人海，在英国民众的呐喊声中，丘吉尔被推选为议员，顺理成章地进入国会。

"在危险面前绝不能退缩"，丘吉尔用这样一句话谱写出一个时代最强悍的音符。这是1931年美国人邀请他作巡回演讲时说的。在他奔赴美国时，英国情报机关掌握的可靠情报表明，英国境内某些仇视政府的无政府极端分子想要刺杀丘吉尔，并且组成了"暗杀队"。他们把丘吉尔视为大英帝国的代言人。英国警方在丘吉尔离开英国之前就发出了警告，但他仍然巡回于美国各地举行演讲，毫无退缩之意。

当丘吉尔到达美国西部的某个城市时，该市几个恐怖分子准备对他动手的情报被警方截获，这些人已经弄到入场券企图混入当天晚上的演讲会场。当地的警察局局长得到这个消息后，认为丘吉尔的处境十分不妙，建议他推辞演讲，但是丘吉尔通过经纪人路易斯·艾尔伯告诉警方他的演讲时间不变。丘吉尔后来说："绝不能在危险逼近你时后退，否则危险会接踵而至。相反，你如果面对危险能挺身而出，那么危险就会离你而去。"

不但面临危险时毫无畏惧，丘吉尔反而主动迎接挑战，这种例子在他一生中有许多。在他担任海军大臣时，英国海军的飞机只有五六架，飞行员更是少之又少。那时候莱特兄弟发明飞机刚刚8年，各种飞行技术还很不成熟，谁也不知道当飞机起飞后它的降落地点在哪里，驾驶飞机需要具备极大的信心和勇气。虽然如此，丘吉尔还是不顾他人的劝阻，亲自驾驶飞机上了蓝天。在这些行动中还真发生了几次坠机事件，但是每一次死神都和他擦肩而过，看来上帝知道他还没活够，所以每一次他都能转危为安。

他的行为惊动了英国政府，一些官员出面劝他停止这种冒险的举动，但他不予理会。无论如何都要亲自驾驶飞机去搏击长空。丘吉尔以他敏锐的战略家眼光预言飞机的参与将会彻底改变未来战争的方式。因此，他非常看重海军航空力量的价值，可以说英国的海军航空军团是他开创的杰作。

丘吉尔具有钢铁一般坚强的意志，这是一种优秀的品质，这种品质还体现在他求学的过程中。在校读书时他的学习成绩不是很理想，他一直不重视拉丁语、希腊语、法语和数学，平时对这类书也没有兴趣。

在他看来，在学习外语上花费如此多的时间，还不如专心掌握好英文。他的想法总是和大多数人不一样。他在预备军校的成绩一直排在全班最后一名，这是因为他在外语和数学上不肯下功夫的缘故。说来也挺有意思的，他曾经那样讨厌数学，但却担任大英帝国财政部长达4年之久。

由于丘吉尔的学习成绩不够理想，使得他花费很大力气最终才考入赫斯特陆军学院。他前后参加了4次考试，前3次都没有成功，直到第4次才勉强被录取。他离开那所学校后才明白，自己在这里简直是一无所获。那一年他已经是驻印英军的一名士官，年仅22岁。

出人意料的是，有一天这个一向不刻苦学习的人在印度却下定决心刻苦自学，以掌握自己的命运。随后他写信给远在英国的母亲，请她寄来一些历史、哲学还有地理、经济等方面的书籍。趁教官休息的时候，他经常在炎热的中午努力学习柏拉图的哲学著作，阅读吉朋的《罗马帝国衰亡史》，钻研莎士比亚的文学作品。

这种学习他坚持了好几年，练就了简洁明快的文风，表达能力也得以充分展现，在以后的著作和演讲中这一风格被他淋漓尽致地发挥出来。起初演讲时，他的嗓音没有特点，而且也不注意控制现场听众的情绪。但是经过刻苦锻炼后大为改观，他成为人类历史上最杰出的演说家之一。

每天丘吉尔只休息7到10个小时，有时甚至一星期都在连续工作，搞得他的秘书们叫苦不迭。他为什么能保持如此旺盛的活力呢？答案就是连续工作一段时间后及时地放松一下，在自己的疲倦度未达到极限时放下工作去休息，而不要到了疲惫不堪时再停下。大多数情况下他睡到早上10点才起床，但在7点钟左右他就已经在床上坐着工作了。他经常把雪茄叼在嘴里，一边打电话，一边要秘书记述信件，还要翻阅报纸、各级机构的报告以及全世界的来电。他起床后喜欢用熟悉的老式剃须刀刮胡子，下午1点开始吃饭，2点左右午睡，起床后开始处理下午的事务。傍晚时他还会花半小时上床休息。晚饭后一般要工作到深夜12点。

丘吉尔试图以《酣睡中的英国》为书名结集出版自己的演讲稿。他计划通过这本书把自己预见未来的想法告诉国人，他想让人们知道希特勒是世界头号疯狂人物，他正在筹划一场战争。从1933年到1939年的6年时间里，他几乎是在不遗余力地不断向人们发出这样的警告：德国企图征服世界，他们正在想方设法壮大自己，准备以武力攻击英国舰队甚至英国本土。

丘吉尔对未来的预见颇有见地，他四处奔走，希望以自己的努力来唤起人们对未来危机的重视。如果当时张伯伦政府不轻视他的见解，而是及时加以防范，也许第二次世界大战就不会发生。但历史没有假设，大多数人不具备他那种敏锐的眼光。

奥匈帝国皇太子鲁道尔夫

1889年1月的一个寒冷清晨，奥匈帝国皇储鲁道尔夫的别墅里传出了砰砰砰三声枪响。别墅内和鲁道尔夫一同前来的朋友们听到枪声后马上跑到了出事地点，拼命敲打皇储卧室的房门，但里面悄无声息。危急之下，他们破门而入。

他们被眼前的情形惊吓得几乎无法呼吸：椅子倒在地上，一个个空香槟酒瓶乱七八糟地扔在地板上，雪白的枕头上溅着点点鲜红的血迹，靠近床头的墙上也都斑斑血迹。穿戴整齐的皇太子鲁道尔夫一动不动地躺在床上，脚上还穿着打猎的皮靴。而脑袋却被打得稀烂。皇储的身边躺着他心爱的女人，一颗子弹穿过了她的颧骨。浓密的棕色头发遮住了她的伤口，以前鲁道尔夫时常温柔地爱抚这头秀发。除了头上的伤口外，她的身体上没有其他伤痕。这位女郎犹如希腊女神般动人，死后和活着一样美丽动人。

这是100年前发生在奥地利的悲惨一幕。不管是自杀还是谋杀，那次悲剧都对世界历史造成了重大影响，甚至目前仍然影响着人们的生活，为什么这样说呢？有以下原因：如果这一位有民主倾向的皇太子继承王位，那么在1914年，他很可能不同意奥匈帝国的军队和他一直不以为然的德国皇帝联手，也不可能与他所喜爱的英国作战。假如真是这样，也许就不会爆发第一次世界大战了，也将不会发生到今天还在影响着人们生活的经济大萧条。

到底是鲁道尔夫先枪杀了爱人然后再自杀呢，还是凶手将他们两个人一道杀害的呢？事情的真相时至今日也没有人知道。让人们对此产生浓厚兴趣的是这个悲剧独特的浪漫色彩，对于这件事的猜测和推断接连出版了很多书籍，从德文、意大利文到英文，差不多各种语言都有这方面的书，但是，没有人真正了解鲁道尔夫的死因。当命案发生的时候，只有鲁道尔夫的两个友人——科堡的菲利普王子和赫约斯伯爵在那所游猎别墅里居住。

这两位客人都认为皇太子是自杀而死。皇太子的婚姻并不幸福，每个维也纳人都知道。鲁道尔夫和比利时国王的女儿、有着一头金发的史蒂芬妮公主于8年前走在一起，但是他们之间并没有感情，多年以来两人一直存在很深的隔阂，他们的婚姻完全是政治联姻。她忌恨得到他青睐的其他女人，几乎从来不去他的房间。

鲁道尔夫出版过一些作品，他游历广泛，会说10种语言，是奥匈帝国人民心目中的偶像，受到本国人民的爱戴和尊敬。他结识玛丽·费塞拉男爵夫人是在他死亡前一年的1888年。古希腊人的血统十分完美地体现在这位娇媚动人的女人身上。他们两个人一见钟情，立刻坠入了浪漫而热烈的情网。当时她只有19岁，而他29岁。

整个维也纳传遍了他们热恋的新闻。当严厉的老皇帝弗兰西斯·约瑟夫知道了这件事时，起初他对他们的恋情不闻不问，后来情况越来越严重，公众甚至公开抨击皇室成员，似乎维也纳和布达佩斯所有人都议论纷纷。

于是弗兰西斯·约瑟夫把儿子鲁道尔夫叫进皇宫，要求他立刻终止这种放荡的行为，但是鲁道尔夫断然表示绝不和玛丽分开。弗兰西斯·约瑟夫大怒之下破口大骂，但也没有产生任何作用。鲁道尔夫认为，金光闪闪的哈布斯堡王冠不如玛丽珍贵，他甚至想放弃他未来的王位和所有特权而与妻子离婚，然后公开正式地迎娶玛丽，但是他没有办法提出这一请求，因为父皇郑重的告诫有言在先。和父皇发生争执后，鲁道尔夫和玛丽私会时只能去他的游猎别墅。那所别墅离维也纳大约30里的路程，隐蔽于一片丛林之中，足够避开世人的目光。

在1月份那个要命的一周中，鲁道尔夫和玛丽想秘密度过一段快活日子，他们再次来到了那个别墅。世界历史的命运被那突如其来的枪声改变了。在悲剧发生的清晨，鲁道尔夫在6点半的时候就被仆人唤醒了，他本来打算外出打猎，不过仆人对他说野外的雾气很大而且天气寒冷，于是鲁道尔夫就临时取消了打猎计划并打算返回维也纳，他嘱咐仆人收拾马车。

最后看到鲁道尔夫的人是一个仆人，他回忆说，那天清晨皇太子脸上一直带着微笑，一副心情不错的样子，因此他认为鲁道尔夫和玛丽死于谋杀。鲁道尔夫的确没有什么自杀的理由。他年轻力壮又交游广泛，有令人惊叹的财富和声望，还赢得了美人的芳心，而且未来会坐上拥有巨大权力的哈布斯堡王位。

对于儿子的死因，弗兰西斯·约瑟夫不希望外界知晓，他吩咐御医向外界宣布鲁道尔夫死于中风，但是御医却没有执行这一命令。鲁道尔夫被人们穿上皇帝的服饰，葬在统治了奥地利长达600年的哈布斯堡皇族的祖先们的墓地。人们把玛丽的遗体丢在衣箱里之后扔在那所游猎别墅仆人的房间里，好几天对她置之不理。最后，有人在一个夜晚把她葬在了密林之中的一个静谧的修道院里。

修士们把她的尸体装在一个廉价的松木棺材里。当她被送进棺材时，她的衣服被木板上残留的枝丫钩住了。她的头下垫着她和鲁道尔夫幽会时戴的那顶帽子。松林里哗哗作响的北风为她送葬安魂。

埃及艳后克丽奥佩特拉

　　古代埃及的美貌女王克丽奥佩特拉，在历史上被誉为"尼罗河女神"。传说她那与生俱来的浪漫气质和诱惑力能够点燃男人心中强盛的情欲之火。

　　这位美貌的皇后生活在两千多年前，她绚丽而短暂的一生充满传奇色彩。她的死是她自己主演的一场悲剧，历史是悲剧的导演。她结束自己的生命时不到40岁，把一生凝缩为短暂的凄美。但是两个伟大的英雄却因她而改变，英武的恺撒大帝和罗马名将马克·安东尼，他们和她深深相爱，缠绵悱恻。

　　历史上恺撒是伟大的君主和独裁者，他统率大军征战令整个世界在他脚下颤动，然而，娇小柔弱的克丽奥佩特拉却毫不费力地征服了他。你肯定急于了解其中原因吧，那么让我这就告诉你这是如何发生的。公元前48年，恺撒率领罗马大军浩浩荡荡进入埃及亚历山大城，当时的克丽奥佩特拉处境危急：身无分文的她刚刚失去王位，人身安全也受到威胁。原来，她和同族的兄长结婚后，两人发生争吵继而导致同室操戈。在战斗中，她的军队被打败致使全军覆没，她来不及带走财产便惊魂未定地逃出埃及。当她得知恺撒的大军就在附近的消息后，改头换面进入了亚历山大城。

　　她的美貌早已闻名遐迩，恺撒很想一睹美人芳容。另外，她的不幸遭遇恺撒已经有所了解，得知她就在亚历山大城附近，恺撒便放出风声，表示愿意接见她，如有必要还可以出兵予以帮助。这个消息传出之后，城中的气氛随即紧张起来，她族兄的密探在亚历山大城中无处不在，如果族兄的人抓到她，就再也别指望逃出虎口了。然而，克丽奥佩特拉当然不会犯下如此错误，她事先进行了详细部署。趁着夜色降临她悄悄来到一条小渔船上，然后被早已等候在那里的仆人迅速卷入地毯，随即被运进恺撒的宫殿，当地毯缓缓地展开，一个绝色佳人的芳容展露在恺撒的面前。

为了让恺撒喜爱自己，她用尽浑身招数来迷惑他，不断地欢声笑语，不停地跳舞歌唱，淋漓尽致展示她沉鱼落雁般的美貌。在54岁的恺撒看来，21岁的克丽奥佩特拉简直就是下凡的女神，他胸中欲火早已被眼前的天仙点燃。恺撒无法抵抗爱欲的烈火，他如同一只被克丽奥佩特拉的魔法制服了的凶猛野兽，心甘情愿地拜倒在她的石榴裙下。当克丽奥佩特拉提出请求时，恺撒毫不犹豫地答应了。那支摧枯拉朽的罗马军队在他的率领下，冲出亚历山大城，将她的族兄打得落花流水，继而一路驱赶到尼罗河边。她的族兄走投无路之下，只好投尼罗河自尽了。

扬眉吐气克丽奥佩特拉灭了族兄后，倚靠恺撒的扶持重新登上了王位并再次夺得最高权力，整个埃及都被控制在她的王座之下。从此她和恺撒谈情说爱，过上了整日歌舞取乐、男欢女爱的日子。一年后，他们又结出了爱情硕果，他们有了儿子。虽然这是恺撒唯一的儿子，但是他却不敢公开庆贺，因为恺撒公开娶过的一个夫人还在罗马。

给人当妾的克丽奥佩特拉不甘心，应有的名份她要夺到自己手上，这样也能为儿子铺一条光明大路，而要达到这些目标，她计划将她和恺撒的关系公之于众。虽然这样会冒很大风险，最终她还是不计代价地付诸实施：她暗地命令主教公布这样的信息——恺撒是太阳神阿蒙转世，而不是肉身凡胎。如果放在现在，她这样的巧妙安排肯定会被人们嗤之以鼻，因为这听起来荒谬至极，不过这真真切切发生在两千年前的埃及，这个神话被人们不假思索地接受了，只因为这些话是主教说的。

不久之后，恺撒遇刺身亡，粗鲁的马克·安东尼夺取了罗马军政大权，他率领的铁骑大军迅速接近了埃及，安东尼一路上不断扬言要消灭克丽奥佩特拉，并割下她的头颅。听到消息后胆战心惊的克丽奥佩特拉企图阻止安东尼来到埃及，但是强大的罗马军团不是她的力量所能抵挡的。她考虑再三，还是觉得她的那一招管用，那就是凭自己的美色去引诱并软化一身武力的安东尼。

克丽奥佩特拉为了俘获安东尼费尽心机。她派手下人打造了一艘富丽堂皇的大船，把名贵的丝绸和珠宝等珍奇物品装饰在船上，显现出流光溢彩梦幻般的效果。她打扮得妩媚妖艳、性感动人，许多妙龄少女被挑选出来并陪侍在她的四周，然后她大张旗鼓地迎接安东尼的到来。什么都不用多说了，妖艳女人装饰得如此奢华，音乐又是如此迷人魂魄，谁能够站得住脚跟呢？假如安东尼是你，此时此地又会如何反应呢？

克丽奥佩特拉又轻而易举地得手了。她立刻把面前的安东尼驯服成温顺的羊羔，她不但没有被他杀掉，反倒成为他的妻子。克丽奥佩特拉和他缠绵不已，终日把安东尼浸泡在美酒与女色之中，使他早就忘掉了罗马。相貌本来丑陋的安东尼在得到从来都不敢想象的艳遇后，在她的魅惑下有些忘乎所以了。为了讨好她，丧失理智的他竟然将无数的土地赠送给她，从腓尼基海岸到费里冠省，从塞波拉岛到克里特岛……他把这些地方都不明不白地送出去。后来安东尼放肆到了极点，把整个东方的统治权都直接送到了她的床上。

安东尼的做法激起了罗马人的愤怒，他们不能容忍一个埃及女人如此轻而易举地占有用罗马士兵的鲜血换来的土地。元老院决定征讨安东尼，夺回属于罗马人的权利。终于找到借口的屋大维早就想与安东尼开战，几个强大的军团在他率领下气势汹汹地杀向埃及。

经过一场激烈的生死恶战，一败涂地的安东尼只好逃到克丽奥佩特拉的船上。屋大维率军随后逼近而至，安东尼和克丽奥佩特拉的船只被团团包围。不肯做俘虏的安东尼不愿离开克丽奥佩特拉。绝望之下他以死来表达对她的至爱，拔剑自刎倒在了她的裙下。克丽奥佩特拉发誓不做罗马军团的俘虏，绝不忍受罗马人的侮辱和嘲笑。她境地凄凉却没有一丝悲伤，对着倒下的安东尼说："何必如此着急呢，安东尼？好吧，让我去找你。"就在这天夜里，她也奔赴黄泉。

后来克丽奥佩特拉的死因成为千古之谜，众说纷纭，人们一直没弄清楚她是如何自杀的。在她刚刚自杀后不久，发出不解疑问的是第一个找到她尸体的人。我们在两千年后也只能对此进行一些推测：也许是被毒液导致身亡，她把自己的皮肤咬破了，再把毒药涂在伤口上，最后毒素发作。也有人猜测她是被毒蛇咬死的。

后来，人们把这位女王和安东尼一起埋葬了。至今她的墓地也没被考古学家找到，人们觉得大致在亚历山大城。你如果找到它的具体位置，重重的赏金一定会属于你，而且你的名字会成为所有报纸上的头版新闻。

俄国女皇凯瑟琳

　　凯瑟琳是沙俄最著名的女皇，但她并不是俄罗斯人，凯瑟琳也不是她起初的名字。在和彼得大公爵成婚之前，她不过是德国小邦城的一名公主，因为缺少足够的财富而流落在俄国。她在上流社会之外徘徊，几乎无异于一个可怜的乞丐。不过这个女人虽然无钱无势，却精明强干，她为了地位和财富费尽心机，最后成功地把自己变成彼得大公爵夫人，让人们对这一结局大为意外。

　　身为俄罗斯皇族的彼得大公爵，却有着十分丑陋长相，满脸密布了疙瘩，而且他的性情十分粗鲁，头脑又愚笨，实在不是做夫君的理想材料。他坐上沙皇宝座后习性不改依然浪费时光，根本没有心思去管理国家，要么整天和仆人一起饮酒寻欢，要么虐待手下的侍卫作乐。他闲得无聊就找女人开心，甚至还会自己趴在地板上玩耍；夜里回到屋内，连鞋也不脱就倒在床上呼呼大睡。因为他不自尊自重，所以别人也无法尊重他。

　　结婚几年之后，凯瑟琳生下了几个孩子，可是彼得却一个也不喜欢，并且扬言这几个孩子都不是他亲生的，所以他根本用不着尽当父亲的责任。他对凯瑟琳也同样不满，结婚之后他发现自己和凯瑟琳毫无感情。似乎是出于报复，他在客人的面前经常羞辱她，还用不堪入耳的话辱骂她。这还不够，他还经常声称要和她离婚，并把她送到修道院去做修女，让她的余生在孤苦中度过。他对她的这种痛恨和憎恶，逼着她不得不对他下狠手。

　　她的行动在私下里展开了，她先是操纵自己的亲信发动一场叛乱，接着趁混乱之机，密令佣人在彼得的酒杯里投下毒药。身体强健的彼得虽然中毒却没有立刻毙命，她又毫不犹豫地把剩下的砒霜接着灌进去，给他来个痛痛快快的了结。所有行动结束之后，亲信们簇拥着凯瑟琳稳稳当当地坐上了沙皇的宝座。

　　在凯瑟琳长达34年的统治期间，俄罗斯日趋于稳定。大臣们对她的治国方略心悦诚服。说句实话，她所显示的政治才能的确胜过了以往的君主，说她是位贤明君主也恰如其分。对她的妇道精神还有人大为称颂，说她寡居数十年却毫不动心男女之事。这个说法很不真实，她虽然没有再结婚，可是却有不少情人，和她有过关系的男人至少几十个，如果细数一下，很可能还会不低于100人！

　　在俄国，凯瑟琳大权独揽，这个女人堪称拥有世界上最多的财富。可是她却每天只有两顿饭，吃着很普通的饮食。虽然她吃的饭菜都盛在黄金餐具里，但种类并不是很多，一般都是普通的蔬菜瓜果和肉类。厨师如果一时不慎烤焦了肉，她也不责怪厨师，而是不声不响地拿来吃掉。

　　她过着淫荡放纵的生活，可是她也会注意保养身体，滴酒不沾，也不喝刺激性饮料，只是爱喝葡萄汁，还喜欢在入睡前来一点咖啡。她虽然不抽烟，但是有闻鼻烟的嗜好。

　　凯瑟琳作为女人很要面子，总是在大臣们面前摆出一副威严肃穆的模样，如果有人给她写信而信封上没有"女皇陛下"这几个字，她就拒绝接收。如果谁胆敢用语言冒犯她或对她表示不敬，那么结果就是冷酷的惩罚。有个喝醉了的男人顺嘴胡诌说凯瑟琳是自己的妻子，她听后大怒，削下了这个人的鼻子。

　　随着年龄的增长，她的身体也变得越来越臃肿，笨重得走路都会感到困难，因此她抑郁寡欢。后来有个聪明人专门为她发明了一辆轮车，让她可以坐着车子出外游逛。

　　凯瑟琳晚年满口的牙都没了，但心中的欲火仍在炽烈地燃烧，她居然和一个年轻男孩交往密切，像一个怀春的少女疯狂地坠入爱河。他们有巨大的年龄差异，甚至她都可以把男孩当作孙子。错乱的感情把她搞得神魂颠倒。她在生命最后的几年里，竟然把管理国家的权力交给这个无知的男孩，仿佛他就是一位真正的优秀国王。

俄国女公爵玛丽

　　我曾经荣幸地与俄国女公爵玛丽见面，并且成为她的贵宾，在今天这事也是值得一提的。作为欧亚大陆最著名皇族的后裔，她是俄国沙皇亚历山大三世的侄女，是尼古拉二世的堂妹。在去见她的途中我有许多猜想：她是否活泼而美丽呢？待人是否友善？是否尖酸刻薄地对待他人？在见过面之后，她给我留下的印象是美丽和善又优雅，具有很强的亲和力。

　　我们交谈得很愉快，她态度真诚地对我说，虽然已经到了中年，但回想起过去发生的那些事情，仍旧像刚刚发生的一样。小的时候她羞涩而柔弱，经常觉得别人比自己优秀。

　　大罗曼洛夫家族是俄国的第一贵族，掌握俄国政权长达300年之久，玛丽就降生在这个门第显赫的家族之中，从小就是就被奉为"金枝玉叶"。出门时她乘坐镶金的由六匹马拉着的豪华车辆，夹道保护的骑兵穿红色制服，显赫的阵势人间罕见。在她乘坐的车子经过的时候，站在街道两边的百姓伸长了脖子，为的是能一睹她的容颜。每当这种时候，这位高贵的公主就会害羞地把脸转过去，不敢向四周张望。

　　她的母亲离开人世时，她只是个一岁半的孩子。过早地失去母爱的她在保姆、监护人和教师的看护过程中长大成人。她长到了6岁依然只会说英语，俄语说得十分生疏，因为她的保姆和老师讲的都是英语。她过着平常而单调的生活，不论吃的还是穿的都不特殊。每天的食谱只有重复的面包和牛奶。尽管有很多值钱的名贵绘画以及装饰品放在她的屋子里，但是她依然穿着普通的布衣、纱质手套和棉袜子。她微笑着对我说，结婚是那个时候最想做的事，因为要想有穿丝袜的资格只能做新娘子。

她一直寄居在伯父家里，伯母非常苛刻地待她，经常做出一些吹毛求疵的事情。她在吃饭的时候如果迟到了哪怕一分钟，伯母就会大发雷霆。伯母总是随时随地约束她，不允许她当着别人的面大笑，因为伯母认为孩子的笑声是发傻的行为。她在那样的家庭里无法过上快乐的生活，只有寂寞和痛苦与她相伴。这世上唯一疼爱她的人是她的外祖母希腊皇后奥卡尔，外祖母常常给予玛丽精神上的慰藉，还会送上某些物质方面的关心。

她在16岁的时候，很希望有一把琵琶，可是手里没有钱买，又不敢向伯父开口。后来她想到的办法就是让老师帮她去说话。可能她的伯父当时心情不错笑着答应了，可还没等他把话说完，突然飞来的炸弹就把他炸成了几块。

女公爵玛丽叹息地说："想不到答应为我买一把琵琶竟成了他最后的遗言。"

第一帝国皇后约瑟芬

　　下面的故事讲述一个穷姑娘，她的名字很麻烦，叫玛丽·约瑟芬·萝西·达丝·尼宾西莉，但"约瑟芬"却是人们喜欢的叫法。这个出生在西印度一家乡村炼糖厂附近的一间破败小屋里的小姑娘，长大后却嫁给了历史上伟大的人物拿破仑。

　　拿破仑比约瑟芬小6岁，她33岁时他们初次相遇，而拿破仑当时才27岁。她没有出众的容貌，时常犯牙痛病，此外还满身债务，又带着两个脏兮兮的孩子，除了不断叹息，好像没有什么是她能做的，但她有一样宝贵才能却不是每个女人都有的，她懂得如何驾驭和指挥男人。没有人否认，她确实是比别的女人更懂男人的年轻寡妇。

　　在法国大革命期间她的第一任丈夫去世了，她为此十分难过，也更为自己以后的生活担忧。没有经济来源，也没有朋友可以依靠，有的只是一帮追着屁股讨债的债主。怎么来应对这一切呢？有一种最简单又有效的办法能脱离这种尴尬的处境，那就是再一次结婚，所有聪明的寡妇都是这么干的。

　　拿破仑的事迹是她在一次偶然的场合听别人提到的，敬佩之情顿时由心而生。当时，对功名充满向往的拿破仑刚从战场归来，并无显赫名声，钱也不多，但是对男人具有敏锐嗅觉的约瑟芬，凭借自己的经验断定拿破仑将来肯定能够功成名就。她决定要见一见拿破仑，麻烦的是两人根本不相识，她仅在照片里见过拿破仑，要找到他得用什么办法呢？聪明的约瑟芬计从心生：她派12岁的儿子先到部队找拿破仑，见到他就问自己战死的父亲的军刀是否还在他手上。她的儿子确实见到了拿破仑并且提出了那个问题，拿破仑猜想其中必有玄机，于是机智地回答说："有。"

第二天约瑟芬就去拜访拿破仑，见面后泪流满面地一次次向他表示感谢。她的这些举动完全打动了拿破仑。她坦诚的态度、独特的风韵、极富魅力的举止和优雅的谈吐，令他情迷心动，他立刻认定自己面前的这个女人见识卓著、非同寻常。两人再次见面时，约瑟芬用茶点款待他，拿破仑再度被她的优雅及见识所折服并为之倾倒。谈话之间拿破仑听到约瑟芬对他说了无数鼓励的话语，她说："我相信你一定会成为世界最伟大的统帅……"

3个月后，他们要结婚的消息弄得满城风雨。拿破仑做事一向遵守时间，他有句"时间就是一切"的口头禅，他还曾说："在我的军旅生涯中也许会打败仗，但是浪费时间绝不是理由。"但向来准时的拿破仑在结婚那天却毫无理由地迟到了，这让约瑟芬在神父面前万分焦虑地等了两个小时。

结婚两天后，拿破仑就重返意大利前线。当时他率领的部队缺乏战斗力，而且疲惫的士兵长期征战从而导致士气低落，但他下的命令是"只许前进，不许后退！"经过激战，竟然战绩辉煌。整个欧洲开始另眼相看拿破仑，大为赞赏他的军事才能。拿破仑通过这场空前惨烈的战斗一战成名。

如今早已不必多言拿破仑的统帅天才和英勇作战精神，毕竟历史已经记录下他的功绩。拿破仑写给约瑟芬的情书，也许是最让现代人津津乐道的。在激烈严酷的战场上，他居然有闲心和女人谈情说爱，这事儿确实很有趣。已经没人知道拿破仑总共写了多少封情书，目前为止有8封信被陆陆续续发现，伦敦拍卖行1923年把它们拍出了2万多美元的高价。这些信我曾经有幸拜读过，觉得它们的确有价值。现摘录一段：

我的爱情是你点燃的，你干吗要偷走了我的灵魂，致使我坐立不安，不思茶饭，整夜难以入睡。现在我既没有心情和自己的朋友来往，也不愿意去战场上拼杀，但是我还必须去争取胜利，因为是你希望我这样做的。如果不是为了你，我会以最快的速度离开战场马上回到巴黎，在你面前跪下。我的身心全都被你点燃了，让我变得这般狂热。我每时每刻都在想象中亲吻着你……

如果我们把拿破仑的日记及其他相关文字与这封信上面的内容相对比，就会发现拿破仑的变化太大。谁能相信那个叱咤风云的英雄，竟然如此温柔多情。如果让一些女性看到这封激情似火的情书，相信她们大多数人都会为之心花怒放。可是约瑟芬读后却没有这样的反应，在她眼里这一切再平常不过了，似乎是家常便饭。

拿破仑是否会伤心呢？是的，确实让他很失望。他得知约瑟芬又有新欢之后愤怒异常，随即从前线赶回来，暴怒之下将约瑟芬撵出房外。拿破仑对约瑟芬宠爱又纵容，这让他的姐妹们看着眼红，她们认为他给予她的生活远远比她们优越，于是，女人之间的争吵也变得很剧烈。约瑟芬被她们嘲笑为年老色衰，被喊成"老太婆"，她们甚至撺掇拿破仑再娶一个妙龄少女，抛弃这个"老太婆"。

但拿破仑对约瑟芬的爱还是难以割舍，他总是一味地迁就约瑟芬，但他们婚姻最终还是破裂了，因为拿破仑想找个为他生育的女人。拿破仑为自己的这个决定痛心不已，他在离婚协议上签字后，禁不住失声痛哭。他在接下来的几天里一直郁闷地躲在宫殿，不见任何人，也不理政务。他的新婚妻子是奥地利的玛丽·露易丝小姐，她与其他奥地利人一样都不喜欢拿破仑。她向上帝祈祷曾这样说："他没有任何讨我喜欢的地方，让我嫁给他是父亲考虑政治利益，我们结婚前都没见面。我跟他没有感情的生活还要熬多久？求你拯救我！上帝啊……"

后来，拿破仑在战场上开始遭遇挫折，玛丽·露易丝毫不犹豫地离开他，而且还怂恿拿破仑的儿子也反对他。

可以说，约瑟芬不但是拿破仑一生中的第一位爱人，也是他的最后一位爱人，因为拿破仑给予约瑟芬的是真爱。约瑟芬离开人世后，拿破仑曾到墓前悼念，他深情地说："亲爱的约瑟芬，这一切都不怪你。我知道你一直没有抛弃我。"

伟大的辩护律师丹诺

大约在70年前，一位小学女教师拧了一个小学生的耳朵作为对他的惩罚，因为这个家伙上课时总是坐在椅子上乱动。这个孩子觉得自己在全班同学面前被拧耳朵是受到了前所未有的羞辱，于是在回家路上止不住地哭，那时他只有5岁。他从那时起开始反感暴力和不公正，并下决心一生都要与之斗争。

这名小学生就是后来美国最知名的律师克拉伦斯·丹诺。他的名字经常出现在全美各大报纸上，必须承认，他是那个年代最伟大的刑事律师。作为被压迫者的救星，他以一名义士、革命者、离经叛道者、斗士著称。

时至今日，他负责的第一桩案件还被俄亥俄州可什塔比拉城的长者们所津津乐道。这是由一桩价值5美元的旧马鞍的归属权而引发的案件。也许有人会问，值得为5美元的东西辩论吗？但是丹诺却认为它可以揭示最根本的社会问题，不仅仅是钱的问题。遇到种种不公平的事情时，疾恶如仇的丹诺心中总会燃起抗争到底的斗志。由于委托人只愿意承担5美元的诉讼费，丹诺只好承担了此外的一切诉讼费用。他为这一案件打了7年的官司，前后由7个法庭进行了审理，最终取得了胜利。

金钱和权势在丹诺的一生当中都没有对丹诺产生任何诱惑力，他说自己这一辈子都是个大懒虫。他原来只是乡村小学的一名教师，某天发生的一件普通事情彻底改变了他的一生。在拜访一位铁匠时，他无意间听到对方和别人在争论一个案件。这位铁匠在争论过程中所表现的机智令他惊叹不已。他得知铁匠是在用做工闲暇时间修习法律的深受触动，他也想尝试学习法律，于是向铁匠借来一本法律的书。

　　每周一的早晨他都会带着那本书去学校，在学生们做数学题或看地理书的空闲时间他拿出它来学习。他承认如果没有那件事激励他奋发向上，他可能一生就只能当一个乡村教师了。

　　他和妻子看中了阿什塔比拉城一位牙医的住所并打算把它买下来，双方达成协议，房屋以3500美元成交。丹诺从银行取出他仅有的500美元积蓄作为房屋的首付款交给牙医。双方协商决定以分期付款的方式逐月偿还余下的3000美元。就在丹诺准备在这个合同上签字的时候，那位牙医的太太却临时变卦，不同意签订合同了，更加令人气愤的是她竟然用羞辱和轻蔑的口吻对丹诺说："小伙子，我不相信你这辈子能赚到3500美元。"

　　丹诺在气愤中离开了这个城市去芝加哥打拼，第一年他在芝加哥仅仅赚了300美元，连房租都成为问题，而第二年他挣的钱是第一年的10倍，他有了3000美元的收入，这些钱是他在芝加哥做特别律师所获得的报酬。

　　正像丹诺曾经说过的那样："当好机会到来时，任何事情都是顺心的。"没过多久，他就以大律师的身份进入芝加哥西北铁路公司，从此成为凭律师行业赚钱吃饭的人。后来，他赶上了充斥着仇恨、暴动与流血的工人大罢工运动。他对罢工工人的同情是发自内心的，当铁路公司的总经理尤金·德布斯找丹诺商谈如何对罢工的工人进行诉讼时，他毅然辞去了公司的律师职务。他没有替公司辩护，反而成为一名与罢工工人站在一起维护他们利益的辩护律师。这次最为出色的辩护就是丹诺负责的许多有划时代意义的案件之一。

　　似乎可以这样说，丹诺所代理的每一个案件都在美国司法史上留下了浓墨重彩的一笔。利奥波德和洛布在刺杀小弗克斯之后向警方自首的案件，就足以说明人们对他的认可。在这个案件中，凶手凶残的手段令人震惊，而丹诺竟然应允了这两个凶手的辩护请求。他的这一行为引起了民愤，很多人对他进行侮辱和攻击，指责他为两个杀人恶魔辩护是不分是非。

那么，他为什么要做出为犯人辩护的决定呢？丹诺说："我要竭尽全力消除仇恨和罪恶。凡是由我作为辩护律师的案件，没有一个人应该被判死刑。我觉得如果有人被判死刑就等于宣判我的死刑。我没有完整地读过任何一篇有关死刑的报道。如果真的执行死刑，我可能远远地离开，我对杀人表示强烈的抗议。"

丹诺认为任何人都有可能成为罪犯，社会问题的存在是导致人类犯罪的原因之一。丹诺对受审判的滋味有亲身的体验。他曾经被指控向法官行贿，因无人替他辩护他只能自己为自己洗脱罪名。有一个他曾为之提供辩护过的人在法庭上对麻烦缠身的丹诺说："伙计，你曾经把我从死神手中拯救出来，现在你遭遇到了诽谤，我也要为你提供帮助。我愿意不收取你任何费用去杀死那些和你过不去的证人。"

几年前，丹诺出版了详细讲述自己一生经历的回忆录。我在读到他阐述自己人生哲学的这一部分时，感动得无法入眠。

"我无法弄清自己一生究竟做过多少事情，但肯定做了许许多多的错事，可以从不幸的事情中找到快乐是最让我感到欣慰的。我尽量充实自己的每一天，永远铭记自己前进的方向和奋斗的目标。整个世界和永不静止的时间摆在我的面前，我认为自己不再年轻，而且看上去生命似乎行将了结。其实我前面的路是永远走不完的，以前走过的路与之相比，确实是沧海一粟。"他在其中一章里这样写道。

第四篇

文坛宗匠

杰出戏剧家莎士比亚

莎士比亚生前并没有引来人们关注的目光，直到死了一个世纪后，他的名声才得以广泛传播。研究他及他的作品的文章多如夜空繁星。每年从世界各地来到他的故乡瞻仰遗迹的人有成千上万。

我也是这些人中的一个，1921年我到过莎士比亚的故乡。我喜欢散步于斯特拉特福和斯莱特里镇之间，这里有年轻的莎士比亚和他的情人安妮·惠特利约会时经常走的路。得到后人如此高的赞誉，是当时的莎士比亚绝对想不到的，他也不可能知道他的田园之爱注定是一场悲剧，而且留给他的是永久的悔恨。

莎士比亚一辈子最大的悲剧是他的婚姻，他知道自己爱的是安妮·惠特利小姐，可是在一个寂静的夜晚，他却被另一位叫安妮·哈撒维的女孩迷住了。当哈撒维小姐得到莎士比亚将和另外一位小姐结婚的消息后，十分惊讶，几乎达到疯狂的地步。她绝望地跑去邻居家里哭诉说莎士比亚应当娶她而不是别人。那位为人善良但头脑简单的邻居小姐在听完了这位可怜姑娘的哭诉后怒不可遏。第二天，她们就一道来到镇上的教堂宣布了莎士比亚与哈撒维的婚约。

莎士比亚比这位新娘子小8岁。这场闹剧始终贯穿他们的婚姻，因此莎士比亚在剧本里多次警告男人不能娶年长的女性。结婚后他们在一起生活的时间的确不多，莎士比亚一年到头几乎不回家，大部分时间都在伦敦度过。

斯特拉特福是英国最漂亮的城镇之一，做工精巧的茅屋上铺着稻草，繁花似锦的花园和宁静古朴的街道在城中随处可见。但是，莎士比亚的故里斯特拉特福当时是什么模样呢？当时这里还未挖下水道，成群的猪躺在街心吃烂菜叶，可以说又脏又破。莎士比亚的父亲在镇里当工匠，经常因为堆积马粪而受到惩罚。

很多美国人都觉得现在的生活困难重重，但是他们难以想象在莎士比亚时代斯特拉特福人的贫困，那里几乎一半的居民要在政府的救济下生活。莎士比亚的父母、姊妹、女儿、孙女都不识字。

莎士比亚在英国乃至世界文学史上被奉为一座高峰，13岁时却因家境贫寒，被迫辍学。他的父亲不但要织手套售卖，还要当农夫侍弄田地。莎士比亚挤牛奶、剪羊毛、熬牛油、染牛皮，几乎没有他没做过的事儿。按照当时的标准，莎士比亚告别人世时已经十分富有了。

莎士比亚在伦敦的五年里凭借演员身份获得了可观的收入。他购买了两家剧院的股票，投资房地产，又做高利贷生意，年收入高达300英镑，要知道当时货币的价值相当于现今的12倍，照此计算，莎士比亚45岁时一年挣的钱相当于现在的2万美元。不过，你能猜到他给太太留下多少钱吗？除了一个床架，没有一个便士，就连那个床架也是后加上去的。

在自己的全集面世前7年莎士比亚就离开人世了。如今在美国你想买一部第一版的莎士比亚全集的复印版，也要花几十万美元。然而，当时莎士比亚的名剧，如《哈姆雷特》《麦克白》《仲夏夜之梦》，加起来的稿费也没有到600美元。

有一次，我问对莎翁研究颇有建树的坦南鲍姆博士，是否有无可辩驳的证据表明，我们的大作家莎士比亚就是在斯特拉特福出生的那个莎士比亚。他回答说这一点是毫无疑问的，事实就如同林肯在葛底斯堡发表过演说一样没有区别，都明确无误。不过，确实有些人认为莎士比亚这个人根本就不存在，那些剧本都是弗朗西斯·培根或者牛津伯爵写的。

我在瞻仰莎士比亚墓碑时，常常低头凝视这首命运之歌：

　　假如是朋友，请勿挖掘我的遗骸

　　那些遵守此约的人，我将赐予祝福

　　而那些妄为不敬者，我会送其诅咒

剧作家萧伯纳

　　16岁到20岁期间，萧伯纳在从事出纳工作时还兼职打杂，那时他每周有80美元的收入。但是，出生于艺术气息浓厚的家庭、自小就受到艺术熏陶的萧伯纳认为自己并不适合做这些事务性的工作。小时候他就读过莎士比亚的《哈姆雷特》、约翰·布里安的《天路历程》和《天方夜谭》等名著，12岁时，他迷上了拜伦、雪莱的诗歌和狄更斯、大仲马、小仲马的小说。

　　除了文学，他还特别喜欢阅读乔恩·泰尔塔鲁的哲学、经济学家约翰·史蒂雅德·密尔和哲学家赫伯特·斯宾塞等人的作品。这些著作令他受益匪浅，并让他对庸庸碌碌的生活产生厌恶，开始向往高于世俗的文学艺术。在20岁那年他暗暗发誓，决不能在普普通通的办事员职位上浪费自己的生命。

　　萧伯纳的母亲在伦敦当音乐教师，1876年，他打算去伦敦开始自己的写作人生。他用9年时间一丝不苟地从事着写作，却穷得连吃饭都很困难。每天不管心情如何，他都要写满5页稿纸。他对自己要求极其严格。很久以后，他回忆道："因为那时候，我刚学习创作，对每天5页稿纸的工作量很头疼。"

　　经过坚持不懈的努力，他终于写出了5部长篇小说，其中家喻户晓的名著是《艺术家的恋情》。但在当时，仅有一家出版社表示可以考虑出版他的作品，但他仍然不停地投稿，得到的结果很雷同。出版商拒绝出版他的小说的理由是小说的内容没有卖点，而并不是因为他的小说水平不够或是没有阅读价值。

当时的萧伯纳穷困潦倒得连去出版社的路费都拿不出来。他坚持写作的9年，只得到了30美元的收入，平均算下来一个月只有1便士入账。由于长时间坐着，他裤子的屁股部分磨坏了，鞋底也磨出了大洞。那时，人们经常看到走在伦敦大街的萧伯纳小心地掩盖衣服上的破洞。他的生活依靠向面包店、杂货店赊账来维持，这样的状况有好长一段时间。而他在这9年里所挣来的30美元，也并非是他的写作收入，其中他去当选举计票员赚了5美元，另外的25美元是为一位律师写了一些有关药品销售的文字赚到的。

仅靠这样的收入他当然无法生活下去，一次，他非常惭愧地说："本来我应该挣钱养家，结果却是这个贫穷的家来养我！"后来他还经常说起往事："我没有对我的家庭做出过什么贡献，母亲反而竭尽所能来照顾我。"他的情况后来逐渐有所好转，他的第一笔收入来自一个很蹩脚的剧本。21年来，他的梦想一直是挣得一笔钱之后，娶一位千金小姐做妻子。

萧伯纳经常在众人面前抨击婚姻制度、教会、民主主义等被社会推崇的传统观念，在此之前没有人敢大张旗鼓地像他这样做。外表上看他是个激进、大胆的人，但事实上却内向而懦弱。有一个小故事可以证明这一点。他在拜访一位朋友时遇到了一个难题，让我们看看他自己的回忆就知道这个问题到底有多难了："我必须敲他家的门，但是在考虑是否敲门前，我在河边踱步犹豫长达20分钟，勇气变得越来越少，甚至后来想逃回家，放弃这次访问，但直觉告诉我，必须战胜自己懦弱的缺点才能在这个世界上成功。最后，我强打精神敲开了他的家门。那时我确实太内向、太软弱了。"

在公共场合萧伯纳非常在意自己的一举一动。他的听众大多为资本家，少有无产者。由于他不愿为金钱牺牲自己的声誉，因此他一直都坚持免费演讲。

1896年，萧伯纳认识了夏露德·蓓唐菲小姐，那时候他40岁，而夏露德·蓓唐菲小姐39岁。夏露德·蓓唐菲小姐是个资本家，非常富有，而萧伯纳由于剧本在美国畅销也有了每年高达10万美元版税的不菲收入。当时萧伯纳认为应该采用和平渐进的方式逐步走向社会主义。虽然夏露德·蓓唐菲小姐在社交界极力宣传他的思想，但是，萧伯纳对她的做法却丝毫不认可，相反毫不客气地指责她："我一辈子见过的女人没有像你这样可笑的！"

他们交往了两年，萧伯纳并没有和她结婚的想法，两人的感情直到1898年才出现了转机。夏露德·蓓唐菲小姐因公差刚刚赶到了罗马，随后就接到萧伯纳病重的电报，她立即丢下一切事务赶回英国。由于过度劳累而患病的萧伯纳躺在伦敦办公室的病床上。这位蓝眼睛的女资本家随即将他带到乡下的住处养病，并细心照顾他。

萧伯纳病好后，马上给了夏露德·蓓唐菲小姐一枚结婚戒指以及一份结婚证书。这样，他们一起度过了45年幸福的婚姻生活，直到1943年萧伯纳夫人逝世为止。人们本来都认为萧伯纳会先她而去，因为他看上去要比她大20岁，虽然实际上他只比自己的妻子年长4个月。

小说家毛姆

纽约的权威剧评家们以无记名投票的方式选出了人类有史以来最负盛名的10部剧本，3个世纪前莎士比亚的名著《哈姆雷特》荣登榜首，你知道紧随其后的是哪一部剧本吗？不是《麦克白》，也不是《李尔王》或者《威尼斯商人》，却是《雨》。仅次于莎翁的伟大作品《哈姆雷特》的《雨》源于萨默塞特·毛姆的一个短篇故事。萨默塞特·毛姆因《雨》这部杰作赚取了20万美元，可是这个故事的构架当初是他用了不到5分钟想出来的。

事情大致如下：毛姆没费多大气力就写出了一篇名叫《萨迪·汤普森》的短篇小说。有一天晚上入睡前，来他家的剧作家约翰·科尔顿想阅读点东西，毛姆就随手把《萨迪·汤普森》递给他。没料到科尔顿被这篇小说迷住了，兴奋不已难以入睡，下了床在地板上走来走去。他想把这个短篇作品改成一部剧本，让它成为一部流芳百世的经典剧作。

第二天清晨，他急不可待地跑去告诉毛姆，那篇小说是一部让他激动了一整夜的优秀作品，绝对可以变成一部伟大的剧本。

没想到毛姆却对此没有兴趣，他认为把他的小说改成剧本可能会在舞台上风靡一时，可是6个星期之后人们就会将它遗忘，这种做法不可取。不过，最终他还是同意了科尔顿的建议。

这部剧本面世后并没有被看好，戏剧制片人都不愿意投资。后来萨姆·哈里斯认准它能成功。他决定剧中的主角由初出茅庐的女演员珍妮·伊格尔斯担任，不过担任推广工作的经纪人却不以为然，认为如果期望这部剧成功，就必须找一位名演员担任主演。

第四篇
文坛宗匠

珍妮·伊格尔斯最终还是获得了主演的资格，她不负期望，当剧目上演后，百老汇被她激情四溢的表演震动了，在拥挤的剧院里，她一连演出了415场，场场爆满的情景使她从此红透了整个不列颠。

毛姆写了许多作品，如《人性的枷锁》《月亮和六便士》以及《小圈子》《苏伊士以东》等，都堪称佳作。他也写过十几部好的剧本，但现代最负盛名的剧本《雨》却不是出自他的手。他虽然以天才剧作家著称，但他刚开始的11年写作生涯却一直受着贫困的侵扰。在那段时光里，这位后来拥有百万美元资产的作家每年却只有可怜的500美元进账。他那时一直无法获得一份有固定收入的写作职业，常常上顿不接下顿。毛姆曾经跟我说，他其实是因为无法找到别的工作，所以才夜以继日不停地写作！

而他的朋友们则认为他这样无休止地笔耕实在浪费时间。由于他修习的是医学专业，所以朋友们希望他回老本行当医生而放弃写作。但是，他要在文学上获得成就的念头是一切困难都不能动摇的。以《信不信由你》一举成名的漫画家里普利跟我说，如果一个人在艰难中挣扎了10年未遇到伯乐，那么一旦遇到，很可能在10分钟内一举轰动世界。里普利和毛姆有着类似的人生。

机会终于向毛姆走来。伦敦一位剧作家的作品上演后反响非常糟糕，无奈的剧院经理想尽快替换这部剧本。他并不奢求能得到多完美的剧本，只求能暂时取代先前的剧本就满足了。恰巧他看到了毛姆的《弗雷德里克夫人》。这本书摆在他书桌上已经一年了，当初他翻阅后并没有留下多好的印象，现在他只希望能用它顶替一段时间后再想办法。就这样，《弗雷德里克夫人》被搬上了舞台，没想到上演后取得了始料未及的成功，作者毛姆成了整个伦敦谈论的焦点。人们把《弗雷德里克夫人》当作继王尔德那部伟大的戏剧之后绝无仅有的名剧。

随后，应伦敦各剧院负责人的邀请毛姆开始为他们写剧本，他从书桌里把过去的作品都找了出来，在不到两个月里，他就用3部剧本占据了伦敦的剧场。贵族们在剧院里花钱如流水，出版商们为求购这位明星作家的作品削尖了脑袋。他在贫困中坚持了11年后，社会各界的名人开始频繁拜访他，伦敦市长也在宴会中向他举起祝贺的酒杯。

毛姆告诉我，一到下午他的脑子就思维呆滞，所以他绝对不在午后1点以后写作。找感觉时他会躲在里维埃拉海岸上的摩尔式别墅里。一般在写作之前，他都要花一个小时叼着烟斗翻阅哲学书籍。

他在自己每本书上都印上一只看似古怪的眼睛，但他说自己从来都不迷信，我想这绝对是他自己的幸运物，因为他家的餐具、他使用的文具和他玩的牌以及壁炉上、别墅入口处都能看到这个诡异的标志。当我询问他是否确实相信它时，他看看我，脸上笑眯眯的。

大文豪托尔斯泰

1910年托尔斯泰离开了我们，距离现在并没有多长时间。他逝世前的20年里，世界各地的人就像信徒见上帝一样排成长队前去拜望他，人们都希望有机会能聆听他的声音并一睹他的尊容，或者能碰一下他的衣襟也好。

托尔斯泰的许多朋友都在他家里住过，把从他嘴里说出来的每一个字都用速记方式记录下来，甚至包括平常说的非常普通的谈话也是如此。就这样，他生活中极为平常的情形被他们详细保留下来，这些记录后来被编辑成书，并广为流传。据粗略统计，记载他的思想和事迹的书超过23000种，重要的事情再说一遍，不是2300种而是23000种。报刊上涉及他的文章竟然达到56000多篇，而他自己的著作也有100部，这个数字实在令很多作家望尘莫及。

托尔斯泰本人的经历要比他小说中的情节还要曲折。他出生于一个大户人家，家里拥有几十间豪华厅堂，数不尽的财富。但是，他晚年却放弃了自己所有财产和一切繁杂琐事孤身一人离家出走，最后身无分文的他在俄国一个偏僻的乡间火车站辞世，当时围在他身边的只有一些农民。

年轻时托尔斯泰是个纨绔子弟，十分讲究穿戴，莫斯科的裁缝们在他身上赚了很多钱。可后来他总是身穿粗衣，他亲手缝制皮鞋，自己打扫屋子，整理床铺。他吃的是粗茶淡饭，用的是木碗、木勺和破破烂烂的饭桌。

据托尔斯泰自己讲述，年轻时他的生活中充满罪恶、酗酒、决斗，甚至凶杀等，他犯过的罪行可能超出想象。后来他开始信仰基督教，并且让东正教成了俄罗斯最神圣、影响力最大的宗教。

托尔斯泰刚结婚时和他的妻子生活非常美满，他们曾经一起跪拜在地上祈求万能的主让他们永远快乐。但是之后，他们的婚姻陷入深深的苦海，最后他甚至看她一眼都会感到厌烦，曾说"让这个老太婆从我眼前永远消失吧！"他在临终时也没有让他的妻子前来。

年轻时托尔斯泰的学习成绩差得无法提起，因没能考上大学，他的家庭教师想方设法让他看来笨拙的头脑开窍，却丝毫没有见成效。然而30年后他却写出了世界上最有影响力的两部巨著——《战争与和平》和《安娜·卡列尼娜》。

所有统治过俄罗斯的沙皇也没有托尔斯泰的名望高。他的那些作品能给他带来快乐吗？回答是肯定的，不过那是短暂的快乐。托尔斯泰没多久开始忏悔，认为自己的作品根本没有意义。到了晚年，他投入很多精力写一些短小精悍的文章并印刷出版，以倡导博爱和平，希望消灭人类的战争与困苦。这些售价便宜的小册子被货车和独轮小车运往各地出售，四年之内的销量高达1200多万册。

几年前我在巴黎结识了托尔斯泰的小女儿。托尔斯泰年迈时她曾在其身边做过秘书，并且直到托尔斯泰去世之前都没离开他。现在她寄居在美国宾夕法尼亚州牛顿广场旁边的一个乡村，她向我讲了托尔斯泰的许多故事，当时她正在写《托尔斯泰的悲剧》——介绍她父亲的书。

托尔斯泰的一生的确是场悲剧，这悲剧产生的根源无疑是他的婚姻。他的夫人有极端拜金、追求奢华的天性，整天醉心于追逐虚浮的声名，对金钱的贪欲永无止境，淡泊名利的托尔斯泰极度鄙视她的行为；他把财富和私有制看作万恶之源。她对武力统治很感兴趣，而托尔斯泰则希望政府以仁爱服人。她可怕的嫉妒心最令他难以忍受。她憎恨所有接近她丈夫的朋友，甚至把女儿也赶出门，在托尔斯泰的房间里，她端着汽枪拼命向女儿的照片射击。

所有俄罗斯人出版他的著作，托尔斯泰都坚持不要版税，为此，有好几年他的夫人不停地跟他大哭大闹。她完全是个泼妇，把家变成了一个恐怖的地狱。当她的要求得不到他的满足时，她就会歇斯底里地倒在地板上打滚哭闹，手里经常拿着一把鸦片烟哭得死去活来，或者宣称要去跳井自杀。

　　托尔斯泰维持这个可怕的婚姻半世纪之久。有时候她会跪在托尔斯泰脚下，拿出他过去写的情诗请他朗读。托尔斯泰接过本子，用颤抖的声音读。这时候老夫妻又重新沉浸在往日的恋爱气氛中，回忆起过去美好的时光两人不禁抱头痛哭。

　　1910年，对这个糟糕的家庭给他造成的痛苦，82岁的托尔斯泰再也无法承担了，这年10月21日的深夜，他抛弃妻子走进了寒冷与黑暗，虽然他并不知道路在何方。

文坛奇才爱伦·坡

尽管一直在忧郁和贫穷中度日，以写十四行诗及侦探小说闻名于世的爱伦·坡是世界上最杰出的天才文学家之一，他具有独特风格的作品在美国文学史上留下了灿烂辉煌的一页。

在弗吉尼亚州立大学进修期间，爱伦·坡因酗酒和赌博被学校开除，随后他转入西点军校学习。一次同学们在操场训练，他却偷偷躲进宿舍里写诗，被教官抓到后再次被学校开除。一个富有的烟草商收养了早已失去双亲的爱伦·坡。一次争吵中，不喜欢他性情的养父用棍棒把他赶出了门，从此与他断绝所有关系。养父离世时没有给爱伦·坡留任何财产。

爱伦·坡26岁那年，他向年幼的表妹维琴妮亚疯狂表达爱意，并且不顾旁人的嘲讽与其结婚。爱伦·坡的婚姻堪称文学史上的传奇。

当时他们穷得身无分文。由此一些人把他们的结合看成是一场悲剧，并斥责爱伦·坡脑子有问题，但是爱伦·坡深爱他年幼的太太，而他太太对丈夫也给予信任和关怀，虽然他们的日子很清苦，可是他们却始终相亲相爱。在爱情力量的催化下，爱伦·坡写下了许多传世的诗篇。

爱伦·坡的小说与诗歌堪称"世界珍品"，有着深邃的思想和奇特无比的想象，但是，令人叹息的是残酷的现实——这些不朽的作品竟然不能为他换来生活必需的柴米油盐！爱伦·坡在他的名作《乌鸦》中悲愤地写下这样的句子：

　　智神雕像挂在我的门楣之上，

　　一只乌鸦卧在她苍白的胸前。

　　眼睛像恶魔般闪露着阴险，

　　犹如梦幻，

　　灯光昏黄，

　　它的影子投射出地上的阴暗。

　　这首诗，爱伦·坡改了又改，前前后后花了10年心血才修改完成，然而却只得到10美元的收入，也就是说他工作一年只有1美元的收入。这公平吗？爱伦·坡10年的收入，抵不过好莱坞明星一分钟的报酬！难道美好的诗歌就如此廉价？在最近的拍卖中这首诗的原稿拍卖出数万美元的高价，这是不是更具有悲剧意味？天才在活着的时候为什么会穷困潦倒？死后人们为什么又不吝追捧，以惊人的价格购买他的原稿呢？

　　纽约的"大汇流"区如今遍布富丽堂皇的建筑，可是过去这里却是偏僻的郊区，它的中心地带有一所四周种满苹果树的茅屋。到了春天，这里鸟语花香，蜜蜂嗡嗡为大自然演奏，这幅人间胜景是多么动人啊！爱伦·坡夫妇以每月3美元的租金租下了这间屋子。可是优美的环境并不能改善他们的生活，他们还是穷得没钱吃饭，更无力承担房租。

　　实在太饿的时候他们就采摘院子里的野菜充饥。邻居实在看不下去，偶尔会给他们少许食物。虽然这些人很平凡，但是他们十分爱惜爱伦·坡的才华，更敬重他伟大的爱心。爱伦·坡太太大部分时间都在养病，即便如此，人们还是能够经常听到从他们的茅屋里传出来的欢声笑语。最终维琴妮亚没能逃出死神的魔爪，在饥饿与寒冷的双重折磨中撒手人寰，不舍地告别了心爱的丈夫。这是多年以前的一幕悲剧，但是在我把它记述下来时还是有种难以抑制的悲痛。

　　维琴妮亚弥留之际，躺在一床烂草褥上，除了身上的衣服，再找不到一丁点能够御寒的东西。看着女儿不断地颤抖，她的母亲只好摩擦她的双手帮她取暖，爱伦·坡则不停地摩擦她的双脚。他翻遍了全屋，只找到一件当年西点军校发的破烂军装，勉强为她遮挡风寒。晚上，他又把一只猫放在她的身边为她御寒。爱妻死后，爱伦·坡拿不出钱来埋葬，如果不是邻居们纷纷解囊相助，他也许只能选择天葬了。

为了表达对爱伦·坡的崇敬，纽约政府曾把这个茅屋改造成一座纪念堂，一段时间后，这座纪念堂不复存在了，取而代之的是一片华丽的别墅。然而只要我想起爱伦·坡，特别是想到维琴妮亚临死的情景，我的眼前就会闪现出那所孤零零的茅屋。我心头永远无法抹去这个悲惨的故事。

维琴妮亚下葬的时间在年初，不久春天到来了，苹果树又焕发出勃勃生机，阳光还是那样明媚，可惜再也见不到人面桃花的爱人，这无法不让爱伦·坡睹物思情、万分伤感。他整天无精打采地坐着发呆，一天天思念着爱妻，在无法忘怀的无比沉重思念中，他写下了下面这首伟大的爱情诗《爱的称颂》：

> 每次凝望空中的明月，
> 都让我重温起往日美梦；
> 夜空熠熠闪烁的星光，
> 可是我新娘的眼眸？
> 昼夜依偎和怀念，
> 宝贝情人的身旁；
> 凭吊那海边的坟冢，
> 海浪日夜温柔地拍打。

"小妇人"奥尔科特

在很多年前，电影《小妇人》在纽约引起强烈反响，放映了17天后仍然还有人不停地观看，这些人排起的长长队伍堵塞了很多街道。在纽约出现这种情况十分罕见，美国影坛引起了热烈关注。作者奥尔科特女士与《小妇人》这部名著的写作过程让我不禁浮想联翩。

奥尔科特小时候十分顽皮，她会像男孩子那样学着吹口哨，在玩耍的时候什么也不怕。在长大之后，她开始从事写作，但是她不喜欢女性题材，她小说的主角很少以女人作为描述对象。因为出版商再三要求她写一部女性小说，在这种不得已的情况下她才开始动笔写《小妇人》。因为她对这种题材不感兴趣，在写作的过程中有几次甚至停笔，致使这部作品写作很长时间才最终得以完成。

奥尔科特从心底里认为这部作品很失败，但这部作品在出版后卖得异常火爆，在短短的几年时间里，全美国就有2000多万读者阅读了它，这完全超出了她的意料。甚至文学批评家都称赞《小妇人》是世界上最受女性欢迎的杰作。她被弄得晕头转向，当她接受记者采访的时候，她竟然问道："到底这是怎么回事？"

让她不可思议的是自己如何能获得这样巨大的荣誉，但同时也更让熟悉她的人大跌眼镜，他们无法相信眼前的大作家小时候居然性格那么粗野。真实的情况是这样的：她的志向并不是写作，挣钱养活母亲和几个妹妹才是她走上这条路的原因。父亲那时候赚钱少得可怜，家里的生活变得穷苦不堪，她不得不承担起养家的重任。起初，没有出版商接纳她的作品，还有人认为她缺少写作天分，改行当裁缝也许会更能体现其价值。但是性格倔强的她怎么会在乎别人的看法。

奥尔科特女士出生在康考特，她故居的那座古老的白色房子已经成为人们心中的崇拜圣地，每月有数千人专门前去参观。有一天，我在那儿看到一位沉默的女士，她面对房子站了一会儿，便突然大哭起来。

有人问她落泪的原因是什么，她这样回答说："《小妇人》中的梅格、绍尔、艾美和佩斯就生活在这样的草屋里，他们经历了那么多的酸甜苦辣，而奥尔科特女士和绍尔的遭遇不是惊人相似吗？读过这本书，似乎看到了书中反复出现的白房子，谁不为之感叹落泪，可能吗？"从这件事情看来，没有人会怀疑《小妇人》极大地打动所有人的心。

读者在日渐增加，《小妇人》也一直在不停地再版，川流不息的人们来到康考特，目的就是为了参观那座白色房子。在许多的读者心中，康考特已经成为永远的艺术圣地。

盲人作家海伦·凯勒

马克·吐温这样说过："拿破仑和海伦·凯勒是19世纪最让人深思的两个人。"马克·吐温说这句话的时候，海伦·凯勒还不足16岁，但是即使是20世纪的今天，当人们在街头巷尾议论时，她仍然受到尊敬。

海伦·凯勒双目失明，但许多视力良好的人远没有她读过的书多，她读过的书是普通人平均数的100倍。不仅如此，她还写出了7部巨著。以自己的人生为素材，她创作并拍摄了一部电影，而且其中的一名演员由她自己担任。她的双耳也失去了听力，但她却能对音乐产生乐趣，许多正常人的听力都不如她。她曾在长达9年的时间里失去说话能力，但她却到美国各州举办巡回演说，全欧洲都曾留下她的足迹。

海伦·凯勒刚出生时是个非常健康的孩子，1岁半以前她和其他婴儿没区别：咿呀学语、能听能看。然而，一场突如其来的大病让她的一生发生了改变。她出生19个月后，她的视力和听力开始出现异常，这使她不能像其他孩子一样正常成长。她的动作于是变得像原始森林里的野兽。她看到不感兴趣的物品就想打碎，吃饭时用双手抓着食物又撕又咬。如果有人上前去阻止她，她就尖声号叫，在地板上又哭又闹。

万分的痛苦和绝望的海伦·凯勒的父母无计可施，只好把她带到波士顿，交给那家专门教育盲人的珀金斯学校，恳求校方尽力帮助他们这可怜的孩子。这时走来一位给她黑暗的人生送来光明的天使——安妮·曼斯菲尔德·沙利文小姐。这位女士进入盲人学校工作时刚满20岁，这时，她承担起把这个小女孩带出又聋又哑又瞎的混沌世界的工作重担。

　　沙利文小姐曾经饱受贫困生活的折磨，也是在逆境中成长起来的孩子。10岁时，她带着她幼小的弟弟来到了位于马萨诸塞州的一个贫民窟，姐弟俩竟然被安排在一间专门在葬礼前停放尸体的屋子里。

　　她的小弟弟因此染上疾病，6个月后就离她而去。14岁时她的眼睛严重受损，被迫进入聋哑学校学习用手认字读书。不过，她的眼睛或多或少还有视力，直到半个世纪后她去世前夕，她的双眼才被黑暗完全覆盖。

　　我无法用更为精练的语言简要地陈述安妮·沙利文怎样在海伦·凯勒身上花费心血，也无法把她怎样在一个月内拯救了一个被黑暗包围的小女孩的故事讲给大家听。所有的故事情节海伦本人已经告诉了我们，阅读她所著的《我的一生》这本书你会更能被深深地打动。凡是读过她书的人，都难以忘怀这个不幸的小女孩第一次使用人类的语言和逻辑时的那种无比的兴奋和巨大的幸福。

　　海伦这样写道："也许再也找不到比我更兴奋的一个孩子了。我躺在自己的小床上，这一天过得非同寻常，我沉浸在沙利文小姐给我传递的喜悦之中，生平第一次怀着急切的心情期待着太阳再一次升起。"

　　到了20岁，海伦的学识已经非常了得，她甚至可以就读于拉德克利夫学院。现在，她不但完全恢复了读写能力，而且也恢复了说话能力。

　　"现在我可以说话了！"这是从她嘴里说出的第一句话，她感到又惊又喜，翻来覆去地重复着："现在我可以说话了！"她奇特的说话腔调有点像外国人。她写的书和文章，都要先经凸版打字机打印，如果她想在空白处写下修改的文字，就要用发卡在纸上戳出一个个小洞。

　　我家距离她在纽约的福里斯特希尔的寓所仅有数十步远。当我带着小狗出外闲逛时，常常看见她带着一条忠实的牧羊犬在自家花园漫步，我发现她散步时一直在自言自语。不过，她和我们说话不一样，她不是用嘴说，而是用手比画，发出的声音是残疾人特有的。

她的秘书介绍说，海伦没有正确辨别方向的能力。她在自己家里常常分不清东西南北，家具如果稍微改变位置，她就会迷茫得不知所措。有的人以为，上帝会让失明的她第六感官比普通人灵敏，但是她的味觉和嗅觉很正常。不过，她还是有非常敏锐触觉，她只需用一只手指轻轻触摸朋友说话的嘴唇，就可以弄懂他们所表达的意思。她欣赏音乐，只需把手放在钢琴和小提琴的木板上。她甚至可以凭手感觉收音机的震动，以此读懂各种广播节目。如果她想欣赏别人唱歌，就用自己的手指轻轻地触摸歌唱者的咽喉。不过她自己不能歌唱，她不能发出一个音符。

如果你5年前和海伦握过手，那么当你再次和她再握手时，她仍能通过感觉而想起你。并且，她还能记得你当时的心情是喜是怒，是失望还是满足。

她感兴趣的是划船和游泳，尤其酷爱在丛林中骑马飞奔。她还对棋类游戏有爱好，并特意请人为自己设计了一种棋具。另外，她也爱玩纸牌游戏，纸牌上带有凸起的字和图案。如果遇上雨天，她自我消遣的方式就是织毛衣。

通常人们认为世界上最深最惨的痛苦是失明，但是，海伦·凯勒却对盲和聋哑并不十分在意。置身于黑暗而静寂的世界里，却得不到人们的友爱和关心，这是她最害怕的。

幽默大师马克·吐温

你是否有过债务？你负债满身是否因为投资失败？如果你真的遭遇了这种困境，请不要垂头丧气失去信心。有许多大人物惨遭失败是因为在投资活动中采取了糟糕的决策，小说家马克·吐温就是其中的一个。虽然他以敏捷的才智和出众的文笔写下了许多家喻户晓的作品，但是当他开始经商时，难以想象的打击依然落在他的头上。

1929年，马克·吐温拿出自己全部的积蓄投资在蒸汽机、电报机、印刷机制造等领域，最终以损失十多万美元的代价收场。他不甘心失败，又投资新式电话机制造业务，结果又是惨败，全部家产瞬间化为泡影。可是倔强的马克·吐温一口回绝了他的朋友、美孚石油公司经理罗杰斯提出帮他偿还债务的友好请求，对其他募捐，他同样不接受，他将他们的支票纷纷原样退回。他不想依靠别人，只想通过自己的努力还清债务。以前马克·吐温讨厌演讲，但是为了赚钱还债不得不周游世界各地演讲，他白天去各个会场发表演说，晚上就在旅馆中奋笔疾书。他为了能够在6年时间里还清债务而忍受着寂寞和劳累，最后他真的依靠自己还清了债务。

美国杰出的军事家格兰特将军在美国内战中漂亮地击败了南方军队，战争胜利后他以极大的优势当选美国总统。晚年他投身于金融活动，却受到两个骗子的蛊惑，被人以他的名义骗走了1600万美元。然而为自己的声名计，同样作为事件受害者的格兰特决定承担全部损失。他变卖了自己所有的田产、房子乃至国家颁发给他的代表伟大荣誉的奖牌和佩剑，以偿还债务。他最后一贫如洗，甚至连1美元都没有。在此期间，他的身上又长出毒瘤，令他痛苦不堪。

在生命垂危时他想到自己离世后妻子的生活将没有着落，于是决定写一本回忆录出售。他几乎无法动弹，只能口述由别人来记录。在回忆录即将完成时，毒瘤扩散所产生的强大反应让他无法说话，他只好强忍疼痛亲自用铅笔写完了回忆录，最后部分他只用了3天就完成了，这实在令人无法相信。马克·吐温从格兰特夫人的手中以55万美元的价格买下了这本回忆录。

还有许许多多类似这样的例子。曾因为一张无法支取的支票，费伯斯特被迫与人打官司；著名作家奥利沃·高尔·史密斯是小说《魏克费尔特牧师传》的作者，他曾因拖欠租金而被拘留；伟大的小说家巴尔扎克因欠债太多，听到门铃响声都会吓得躲起来；被债务弄得灰头土脸的还有英国国王查理二世陛下，为了还债，他以7500英镑的价格把本歇尔文尼亚州卖给了威廉·本。

世界上最杰出的人物林肯有同样的尴尬经历。林肯年轻时在一家杂货店干活不小心交上了一个酒肉朋友。后来杂货店倒闭那个酒徒也死了，全部债权人都因为林肯和那个酒徒关系密切而追着林肯不放。林肯当时完全可以一走了之，因为他没有必要替别人偿还债务。不过为人正直的林肯不愿背着骂名离开，因此他承诺杂货店的所有欠款都由自己来偿还。接下来他忘我工作11年，连本带利还完了全部欠款。清正廉洁的林肯任职总统不但没有攒下多少财产，反而欠下很多债务，后来他出人意料地遇刺身亡后，他的夫人变卖了家中全部的珠宝、皮货、服装继续还债。在告别白宫后，由于经济状况窘迫，她卖掉了林肯的一件绣着亲笔签名的衬衫。

让我们再来看看名扬四海的著名艺术家惠斯勒过着怎样一种窘困生活。他四处向朋友借贷，同时为了还贷，他把自己的作品送入当铺。为了还债，他不得不眼睁睁看着人们把他最钟爱的巴尔扎克雕像搬走。最后家徒四壁时，他只能在地板上作画。

以管理能力著称的著名政治家布罗麦尔，一个世纪前在他的领导下，英国各项事业蒸蒸日上，社会改革效果显著。然而，谁会想到像他这样的优秀领导者竟然管理不好自己的银行存款。欠债被捕时他躲在大衣柜里，结果被士兵搜查出来，捆绑投入监狱。当他身着褴褛衣衫以穷光蛋的身份离开监狱时，已经变得一文不值。他喜欢吹毛求疵地评价别人的穿戴，向来衣着整洁，谁曾想到会沦落到只有一身破衣服可穿的地步。

古希腊哲学家苏格拉底因为贫穷经常饿肚子，要知道他可是当时普天之下最聪智的人之一。在临死前他还清楚自己欠别人一只鸡，所以当朋友前去看望时，特别嘱托朋友要替他偿还这笔不起眼的债务。

任何人在生活艰难时都可能欠下债务。欠钱并不可耻，耻辱的是欠钱不还。从这点上说，马克·吐温信守诺言、努力偿还债务的做法是值得我们敬重和学习的。

讽刺大师欧·亨利

你一定听到过欧·亨利的大名，也可能还拜读过他的作品。几乎所有国家都翻译了他的著作，到目前为止他的书已卖出了600多万册，他的短篇小说得到人们的广泛赞誉。

欧·亨利出生在一个世纪前，欧·亨利是笔名，是他自己取的，他的真实姓名已经被忘却了。性情乐观的欧·亨利勇于同困难和苦恼相抗争，在一生中他遇到了无数的厄运，每一次他扼住了命运的咽喉，并最终战胜了它。欧·亨利没有接受过正规的教育，这是他最大的遗憾。由于他没有机会进高等学府深造，无法听取学者教授的亲身指教，然而这无法阻挡他为实现成为一名伟大的作家梦想的脚步，也无法阻止他的作品被无数的大学奉为圭臬的现实。

欧·亨利身体很差，他经常为自己的健康而烦恼，一些医生也担心肺痨会把他从这个世界带走。他为了强健自己的体魄离开家乡来到遥远的泰塞斯放羊。后来人们把他的"牧羊场"视为膜拜的圣地，无数人开着车前来瞻仰欧·亨利过去放羊的土地，他们在牧场附近下车后步行来到牧场，满脸都是深深的怀念和崇敬。

欧·亨利最为倒霉的遭遇是蒙受不白之冤，并由此在监狱里度过了5年时光。这件事情发生在他放牧了一段时间之后，感觉身体状况有所改善便离开牧场，去了泰塞斯一家银行当了一名会计。有一次银行在清查金库时发现少了一些钱，欧·亨利由于负有保管责任而被拘押并判入狱5年，虽然他没有拿一分钱。

虽说坐牢是羞耻的事，但对欧·亨利来说，却可以算一份幸运的财富。为了消磨监狱里苦闷的时光，他把全部精力投入到写作中，并获得了巨大的成功。罗伊斯监狱长对我说，囚犯为了在很狭小的生活空间里驱散心中的苦闷，常常会以写作来作为消遣方式。

监狱来虽然很少有成名成家，但是也有一些伟大的杰作是在监狱诞生的。比如，瓦尔特雷利是最出名的纨绔子弟，他的那部不朽的世界史就是在监狱里完成的。过去瓦尔特雷利的鞋子上镶着钻石，耳朵上挂满了各种各样的珍珠，生活极为奢华铺张。不过后来因政治原因在监狱度过了14年光景。他在狭小且潮湿、墙壁上满是浑浊泥水的牢房里，患上了严重的风湿病，导致四肢僵硬且行动吃力，然而他以不屈不挠的精神写出了非常成功的作品，这些作品后来被许多大学当作教材。

约翰·布里安在监狱里生活了12年。他是因为传教而遭拘捕的。他身陷牢笼仍然挂念着外面的妻子还有4个不谙世事的孩子，为了养家他想要靠写些花边作品搞点小钱而在狱中辛苦劳作。当一种伟大的思想在他脑海里形成时，他便搁置所有事情而专心从事写作，那部后来震动整个世界的《天路历程》就是他在阴冷潮湿的监狱里写就的。今天，几乎在所有国家都出现了它的译本，它的销售和传播范围仅次于《圣经》。

塞万提斯也是在监狱中创作了传世名著《堂吉河德》的，还有伏尔泰、王尔德和尤金尼·代博斯等作家，他们也在监狱中创作了许多著名作品。这么说吧，如果你想写一部好的作品或许要先跑到街上去做些触犯法律的事儿，然后你就有机会进监狱从事写作了。

曾被送进英国监狱的理查·罗维雷斯，在监狱里面创作了一首不朽的爱情诗，因为这首诗，那座监狱也跟着沾光出名了。这首名为《狱中寄给雅蒂碧》的诗是这样的：

第四篇
文坛宗匠

石墙不算监狱吧？

铁栅未必为牢笼。

天真的人来此隐居。

心中有爱有自由，

他人奈何不了我。

尽情地歌唱吧！

天使享有这般自由。

神怪小说家蕾妮哈特

蕾妮哈特是一位多产的著名作家，位列稿酬最丰厚的作家之列，但她觉得写作不仅辛苦而且低贱，是一件苦差事。

她的全名是玛丽·罗伯丝·蕾妮哈特。她的神怪小说深受青睐，在美国她的读者至少有100万。她学习写作是在做了母亲之后才开始的，可是有44部作品问世，另外，还有数以千万计的文字发表在报纸杂志上。

看到她现在的成功，可能没人能想到，她当初只是为了告别贫困的生活才选择了写作。她完成第一部作品时只拿到34美元的稿酬，可是在她功成名就之后，同样字数的作品报酬会增加千倍，而且那些出版商们还得抢破了头才能够得到手稿。她在美国是家喻户晓的高产作家，也位列稿酬最丰厚的作家之列。她的看法听起来让人吃惊，她认为写作不仅艰辛而且低贱，完全是一件苦差事。

她在未成名之前，把自己写的剧本成堆地送到电影公司，每捆只能换回75美元。而她在成名后，好莱坞的某家电影公司以每年5万美元的报酬想请她写剧本，可是她想都没想就拒绝了。

她一直忍受着病痛的折磨，对此她毫不在意，从未因疾病而妨碍自己的写作，她手中的笔一直不能停下来，不管在家中还是在医院里。有一次她的白喉症刚刚痊愈，兴奋之余立刻写了一首诗。她担心病菌会通过信纸传染，在寄出之前还特地进行了消毒处理，然而，这篇煞费苦心诗稿最后却还是被编辑无情地寄到她手上。还有一次，她为了一首长长的儿童诗，专程从彼得斯堡跑到纽约接连去拜访出版商，脚板都磨出了血泡，可是却没有人答应出版。她当时已经失望到就此罢笔的地步。不过仅仅过了几个小时，她又拿起笔来。

蕾妮哈特曾和朋友讲，如果她不是因疾病缠身长期坐在床上，也许无法写出那么多的作品。早先她的生活过得还不错，家庭收入也不低，可是突然间好像风卷残云一般，眨眼间一贫如洗。因为突如其来的金融危机不但卷走了她原有的钱财，而且还给她送来1.2万美元负债。

这些债务如同一座大山，压得她喘不过气来。身为一名普通大夫的丈夫收入微薄，他在以前从来没有为养家而担忧，不过现在，丈夫的那一点低微收入就成了家中唯一的经济来源。因为债务压身，她必须要找一份工作来补贴家用。她经过两三思考，认为只有写作也许更适合自己。可是她要处理的事情很多，忙完一天的家务，她就累得只想上床休息；而且过·段时间还要起床给孩子喂牛奶，她无法找到一点多余时间坐在写字桌前。

一天晚上，出诊归来的丈夫给她讲了这样一件事情：有一个患精神疾病的老人，他常常误以为自己仍然年轻力壮，还不肯承认自己有一个老太婆。有个客人故意和他开玩笑，说屋里的孩子不是那老头的，而是他亲生的。听客人这么说，老人不但没动怒，而且咧嘴哈哈大笑起来。蕾妮哈特觉得可以以这个故事为题材写成小说，当晚，她就完成了这篇小说的写作，然后投给某家文学刊物。让她高兴的是，这篇小说不但被刊物登载了，她还收到了一张34美元的稿酬支票，同时编辑还附了一封信，请她继续为刊物写稿子，备受鼓舞的她从此开始挤出时间写作。

蕾妮哈特每天要做的事情有一大堆。早晨起床后，为丈夫和3个孩子做早饭是她首先要做的，然后她开始打扫卫生。虽然家里雇了个女佣，但家里那3顿饭蕾妮哈特都要亲自张罗。丈夫和孩子们的大部分衣服她也亲手置办。

此外，她还要替丈夫管理账目，并协助丈夫做一些慈善工作，同时要照顾自己年迈孤单的母亲。一天当中能让她静下心来写作的时间只有在丈夫出诊之后。就是这样，也无法阻拦蕾妮哈特以惊人的速度写作，她写作最快的时候，居然一年可以写出45篇小说，获得8000美元的报酬。

后来，蕾妮哈特的丈夫去世了。她和孩子们住搬进了她丈夫以前的办公室去居住，他就是在那个房间离世的。不久之后，难以解释的怪事儿就在这间房子里出现了，例如电铃会突然铃声大作，房门也会自动开开合合，门窗都关着的屋子里居然有鸟儿可以飞进来；床头会在夜深人静时哗哗作响，也有敲打房门的声音；没人操作打字机会猛地噼里啪啦自动打字；如果一条狗跑进屋内就会立刻逃出，然后返回头来对着房间一阵狂叫；有时花盆里的花会莫名消失，而花盆却没事儿；有时竟然连桌椅也会自己在地板上跳跃；此外，不知道有多少个夜晚经常传来恐怖的喊声……

蕾妮哈特被吓坏了，她时常在半夜时分被各种恐怖惊醒，难以继续入睡。有一位对幽灵有所了解的朋友对她说，如果再有这种怪事发生，就应该向黑暗中的幽灵喊话，询问他们有什么要求，然后答应提供帮助。

几天之后，夜里房屋的窗户又自动打开了，她胆战心惊地悄悄起床，哆嗦着走到墙角，用颤抖的声音问："有什么可以帮忙的吗？"刚说完，桌子上的铃声突然大声响起来，把她几乎吓晕了，她想这一定是幽灵不高兴才这样干的。可是很快她就反应过来，其实是她的后背把墙上的电话线的接头碰在了一起。

蕾妮哈特从不相信世上有鬼，可是她对这些古怪的事情又做不出解释，所以当朋友们聊起这些时，她只是说："在我们未知的世界里，也许，确实有些小鬼总是在捉弄人。"但是有人却回应说，蕾妮哈特把太多的神怪妖精写进了小说，是她自己招来了幽灵。

高产作家辛克莱

　　阿波顿·辛克莱一生写下的鸿篇巨著总共有48部，另外还有几百部短篇作品，虽然土生土长在美国，但是他的作品在欧洲受欢迎程度是难以想象的。据统计，俄罗斯是他的作品销售最好的地方，已经卖到了300万册，在德国也售出了200万册。某天我偶然在法国一家书店发现书架上全是辛克莱的作品，数目和店中其他英美作家作品的总数基本相当。

　　这个时代大家最欢迎的作家可以说是辛克莱，世界各地有44种文字翻译出版了他的作品。如果把16岁开始写作的辛克莱笔下写出来的字数加在一起，肯定和《新约》《旧约》的总字数相差无几。

　　辛克莱出生在一个贫穷的小商贩家庭中，他的父亲是威士忌酒商贩，也是一个嗜酒如命的酒徒。小时候，辛克莱每天几乎要找遍城中的小酒店才能把父亲找到，而每次父亲不靠着他扶着根本无法走回家，通常，他母亲会拿走从他父亲的口袋里翻找出来的余钱，这样全家第二天的开支才算有了着落。他们一家人居住的屋子狭窄阴暗，即便这样，为房租所迫他们也经常搬家。

　　威士忌夺去了他童年的欢乐，也给他的家庭带来了不安，他的两个知己也因为酗酒而过早离开人世，因此辛克莱绝不喝酒、抽烟，甚至从来不接触带有刺激性的饮料。

　　由于家境贫困，求知欲望十分强烈的辛克莱直到10岁还没有进入学校读书，但是他把所有的空闲时间都用在了阅读上，对狄更斯等文学家的名作能倒背如流，还看完了厚厚的百科全书。由于有自学打下的基础，辛克莱只在普通学校学习两年就直接进入高等学府。

虽然辛克莱穷得身上都找不出一美元来，但他还是要尽力照顾妈妈。为了赚钱他以每篇一美元的报酬为纽约一些学校撰写荒诞诙谐的故事，同时他还为杂志撰写小说挣点微薄稿酬。每天晚上他都挑灯夜战完成8000多字，由此他没有多少休息时间，但也由此成为一个月可以写出两部10多万字小说的高产作家了，白天他还要在哥伦比亚大学读书。

大学毕业之后，辛克莱将写作重点转向了儿童题材的创作上，当时每周能得到大约70美元的稿酬收入，这对于一个只有20岁的青年作者来说已经很不错了。

辛克莱写作的动力是要与不公正的社会斗争，并不单纯为了金钱。为了完成自己的夙愿，他最终放弃了报酬较多的工作机会，来到远离闹市的纽杰塞地区，在一个简陋的帐篷里开始进行更为严肃的写作。5年的辛勤写作让辛克莱有5部小说面世，但这5部小说的稿酬一共只有1000美元，年收入只有200美元，折算成日收入则每天不足60美分。

辛克莱将大部分精力都用于写作上，从来不把钱当回事。然而这时的他已经担当起孱弱不堪的妻子和一个年幼的孩子的家庭重担。由于辛克莱对钱财的轻视，家里生活困窘，全家人总是挨饿。一次，他的妻子花了不到半美元买回一张带花纹的桌布，结果辛克莱十分生气地责备妻子大手大脚，在他的强迫下，妻子将桌布退了回去。在辛克莱看来这些钱足以应付他们一天的生活开销了。

当辛克莱完成了他的第六部小说《丛林》的创作之后，他的名声最终震动了整个世界。这本书不仅为他带来了3万美元的收入，同时也为他赢得了别人难以企及的荣誉。按照一般人的做法，辛克莱突然得到这么一大笔钱应该痛快淋漓地消费一番吧？你猜错了，辛克莱没有像一般人那样去做，而是把全部的稿费都捐给了一个音乐艺术团体。由此可见辛克莱是一个真正不贪财的人。

辛克莱具备不管什么事情要么不做、要做就要做到底的品性，比如他忽然喜欢弹钢琴了，他就每天8个小时风雨无阻地练习长达3年之久，以至于邻居们不堪被他的琴声所扰，温和地向他提出了异议。虽然辛克莱接受了这些建议，但是他并不就此放弃，而是拿起四弦琴跑到树林里继续练习，强迫那些鸟儿和松鼠们欣赏他的琴声。

辛克莱曾经因一些稀奇古怪的理由几次入狱，比如，有一次他竟然因为在星期天打了网球而入狱，在监狱里待了1000多分钟。

现实主义作家杰克·伦敦

40多年前一个流浪汉悄悄躲在一辆货车里来到了巴弗罗这座城市，之后开始过上乞讨生活，后来被捕入狱。在监狱里做苦工的一个月时间里，每天他都要在山上砸石头，却只吃少量的面包和水，其他什么也得不到。

然而，6年后，我要提醒这一点，这个往日的酒鬼和小偷仅仅用了6年时间，居然成为美国西部海岸线上最受欢迎的人。只要提到他，那些小说家、批评家和编辑们总是赞不绝口，称他是文学界一颗璀璨的明星。

他就是《野性的呼唤》的作者——杰克·伦敦，他在这世上只度过40个春秋，受过3个月教育，但却有51部文学巨著问世。当1903年《野性的呼唤》出版发行时，他几乎一夜成名。不过当时这本书的版权只卖了2000美元，而出版社和好莱坞制片商却借助它赚了数百万美元。

如果你打算写作，最重要的是要有东西可写，这就是杰克·伦敦获得惊人成功的秘诀。他的漂泊生涯短暂，人生经历却非常丰富。他曾做过水手、码头小工、牡蛎湾的海盗和淘金工人，还捕捉过北极海豹。公园的长椅上、草堆中、冷冰冰硬邦邦的地上甚至垃圾堆中都是他曾经露宿的地方。有时他会在偷乘的货车箱里酣然入梦，有次一觉醒来他才发现自己竟然躺在一个水池子里。他经常疲惫不堪，而且还经常吃不到饭。他漂泊的足迹遍及半个地球，后来他以自己的这些经历为题材写了一本书。

他是美国监狱里的常客，有数百次的被捕入狱经历。墨西哥、中国、日本和朝鲜等地监狱的味道他也品尝过。杰克·伦敦不分昼夜地跟一群流氓在旧金山海湾附近鬼混。童年经历了贫困与艰辛的他把很多时间用在偷鸡摸狗的勾当上，丝毫不把学校放在心上。有一天，他到一家公共图书馆闲逛，不经意间拿起一本书，读过几页之后这本书就彻底俘获了他。他痴迷到竟然舍不得稍停片刻回家吃饭的地步，一口气把它读完才开心地走出图书馆。

这本名叫《鲁宾孙漂流记》的书从此改变了他的一生。第二天，他又跑到图书馆阅读其他的书。从此以后，一个崭新的世界出现在他的眼前，那个世界可以媲美《天方夜谭》中的巴格达。在那种不可抑制的阅读冲动驱使下，他每天竟然用10至15个小时的时间读书。从荷马到莎士比亚，再到赫伯特·斯宾塞或者马克思，那些在人类文化中闪光的著作让他几乎饥不择食。19岁时，他决定不再让警察无情地鞭打自己，也不再甘心让铁路工头用灯砸自己的脑袋，他结束了自己的流浪生活，走进加州的奥克兰德中学读书。他不分昼夜地刻苦学习，并取得了极大的进步，仅仅用了3个月时间就学完了4年的课程，然后成功考入了加州大学。

那时起，杰克·伦敦立志做一名杰出的作家。正是在这种梦想的驱使之下，他阅读了《金银岛》《基度山伯爵》《双城记》等名著，然后不吃饭不睡觉坚持不懈地写作。他几乎每天都要写下5000字，以这种写作速度只需20天他就可以完成一篇长篇小说。他有段时间会一鼓作气给编辑们寄去30篇小说，但等来的却是一次次的退稿。

后来，小说《海岸外的飓风》荣获了由《旧金山呼声》杂志举办的征文比赛一等奖，但他得到的奖金只有20美元。那时他正被贫穷困扰着，几乎连房租都交不起。

掘金者们找到了加拿大西北部的克劳代克金矿，这是1896年最令人激动的事件。当这个消息通过电报传遍了美洲大陆时，整个美洲都沸腾了。工人们纷纷离开工厂，士兵们逃离军营，农夫们丢弃了田地，商人们关门停业，很快，无数的淘金者为了圆他们的淘金梦犹如蝗虫般铺天盖地地向克劳代克涌去，杰克·伦敦也在这支淘金队伍当中。他在那里承受着常人无法忍受的痛苦，在金矿里拼命地工作。一年后当他回到美国时，仍是身无分文。

为了生活杰克·伦敦几乎什么工作都做过，在饭店洗过盘子，擦过地板，在码头和工厂里做过苦力。1898年，他决定不再凭体力谋生，而改为靠写作来生活。5年后的1903年，他累计发表了6部长篇小说和125篇短篇小说，这时的他已经成为全美国文艺界举足轻重的大人物。

1916年，杰克·伦敦与这个他挣扎、奋斗并成功过的世界告别。从他第一次写作开始，到完成最后一部作品，他用去了18年，在如此短暂的写作时间里，他创作了大量的短篇小说，平均每年还问世三部长篇小说。成名后，他每年凭写作挣的钱是当时美国总统薪酬的两倍。他的书现在仍然风靡欧洲。像他这样倍受爱戴的人在美国作家中少之又少。

当初只卖了2000美元版税的《野性的呼唤》，在世界上已被翻译成20多种文字。这本书的原版卖出了150多万册，毫无疑问它在美国文学史上有着极其重要的地位。

语言天才仲马斯

一天，电台里播出了一条可以在某天下午享受免费电话联系罗威尔·仲马斯服务消息。令人惊讶的是，这条消息传出之后，那天下午在短短的一小时内，电台就收到25万个电话。

仲马斯是一个百年不遇的奇才，他著书立说，作品多得连他自己都说不清楚。人们交口称赞他的演说才能，最多时他有多达400万的听众。他在从事电台播音工作时，几乎每个国家都有他的铁杆粉丝。

在很久以前的伦敦，有一天人们突然变得忙碌起来，跑了很远的路程只为搞到一张入场券，人之多导致街上交通阻塞了。这让我很纳闷，觉得人们这样做只能这样解释——一睹大明星嘉伯尔的尊容。但是后来才知道，人们之所以哄抢入场券，只是想去亲耳听仲马斯讲历史故事。

仲马斯到底是何方神圣？你要是这样问，我无法回答，但我能够提供一些枝节给你：他曾从事过金矿工人、新闻报告员、牧场烙印员、刊物主编和大学教授等诸多职业。他曾从欧亚非到阿拉斯加、澳洲大陆乃至大洋中的各个岛屿，曾跟随威尔斯王子探访印度，后来又经美国政府允许，第一次进入阿夫干尼斯坦荒漠进行探险。他同助手在第一次世界大战期间拍下无数宝贵的战争照片。

由于擅长摄影，他还受到印度政府的大力支持，在印度进行人文地理方面的拍摄，在拍摄时，可以无偿调配使用交通工具及物资。他具有极高的演说天赋，波雷斯顿大学曾把他请去教授"日常会话"的课程。他另一份重要工作是利用电波向美国民众通报每天的重要新闻。他的声音传给了偏僻山区的牧羊人，抑或监狱里的囚犯。远在南非的矿工、新加坡的船长还曾给他写过热情洋溢的问候信呢！

简而言之，无论他身在何处都能够得到欢迎的掌声，不管如何进行演讲，他身边总有兴高采烈的听众。他能如此大受欢迎，你一定会觉得与他的相貌有关吧，在你看来，他应该也像萧伯纳那样满脸白胡须吧？那么想就错了，他很健康，头上没有一根白发。

我认识罗威尔·仲马斯是在二三十年前，当时他既没有财富也没有名气，还在波雷斯顿进修。等我们再一次相见时，他已经成为名声显赫的大人物了，不过他依然和过去一样诚恳待人，身上丝毫不见成功者的傲慢，非常令人敬佩。

仲马斯的豪华住宅坐落在纽约市内，但他更向往住在田园气息十足的乡村。他生活中的一部分就是每天夜里回到乡村睡觉。他在电台制作完成节目后通常要晚上7点钟，他必须马上赶到车站等候5分钟之后开出的末班车。很多时候，当他气喘吁吁到达车站时，末班车已经无影无踪了。为了让他可以坐上车，中央铁路局下达了一道特别指令："每晚7:05发出的末班车，必须在仲马斯上车以后才允许出发。"从这件事中我们就可以看出仲马斯有什么样的地位了。

他的童年是在贫困中度过的。十岁的时候他在科罗拉多州克利尔河滨的大赌场附近卖报，那是乌烟瘴气、飘散着罪恶和堕落气息的地方。不过令人敬佩的是，仲马斯尽管身处其中却并没有染上一点歪风邪气，他不抽烟不喝酒，对赌博更是厌恶。他的妻子科罗拉聪明贤惠，儿子萨奈机灵懂事，他的家里只有幸福和快乐，很少发生不愉快的争吵。

仲马斯常常被各种社团请去演讲，每一次付给他的报酬是500美元。仲马斯虽然擅长演讲但更喜欢孤身一人坐下来聆听别人讲话，在普通的场合里他几乎不开口。当他一个人待在屋子里的时候，通常身边伴着爱犬。他往往对着通红的炭火陷入沉思，好长时间都不发一声。

小时候的磨难锤炼了仲马斯的意志，使他在面对人世间的一切困难时无所惧怕。仲马斯经常说，如果缺少了各种卑贱的工作经历，他就不会有如此丰富的生活经验，也就不可能拥有今天的地位。

第四篇
文坛宗匠

　　仲马斯是个大忙人，每天都有很多的工作要做。然而令人难以置信的是，他仍然能将一切事务打理得井井有条，没有什么事情能使他张皇失措。我有一次在他那里住了一夜，天亮之后我们准备乘火车到纽约去。依照我的想法，为了乘车不晚点，我们只有7分钟时间食用早餐，然后必须马上出家门，他却不慌不忙地陪同我来到饭厅，悠闲地点燃了炉火，然后一边聊天一边进餐，他的神闲气定真让我佩服。

　　说到最后我还想给大家透露一点信息，仲马斯竟然不会开车，不过，他却会开飞机，信不信由你。

会讲故事的都格森

让我们回到一个世纪前的英国，一天，风景秀美的泰晤士河畔来了一群年轻人，他们在波光粼粼的河水中荡起一叶小舟。3个开朗的女孩子叽叽喳喳地围着一个坐在船头羞涩而文弱的年轻人，这时正从他的嘴里冒出一些愉快而滑稽的故事。看年轻人的外表，她们只觉得他的身份地位极为普通。但是，当他们结束游玩后，他在不知不觉中一跃成为19世纪的名人。

这个年轻人名叫查理·都格森，这个名字倒是不常见，但的的确确是他的名字。认识他的人都称呼他都格森牧师，要不就称为都格森教授。这是因为他工作日在牛津大学教授数学，礼拜日则到教堂布道，身兼两职。他在与人交谈的时候很少表露自己的观点，有时候温和内向的性格中还透着怯懦，可在他看似普通的大脑里，却装满了稀奇古怪的故事。

那天在泰晤士河上徜徉游玩，他面对3个小同伴讲述了一个梦幻般的故事。故事的主角小女孩在梦乡里来到了一处漂亮的仙境，仙境里出现了各式各样奇妙的景象。他有趣的描述让三个年轻的同伴听得入了迷，目不转睛地望着他生怕漏掉一句话。

讲完故事后，三个女孩非要他把这个故事写在纸上，因为她们还没有听够。他看出女孩子们很喜欢这个故事，为人善良的他自然不会置之不理，于是他熬了一个通宵写出了这个故事。在他的3个听众中有一个女孩名叫爱丽丝，他半开玩笑地让故事的主人公用了她的名字，于是《爱丽丝漫游仙境》就问世了。

书写完之后，都格森把它当成游戏之作，随手一扔，就不再去管它了，根本没有考虑出版它，也没有觉得这故事有什么意义，更没有想是否会受人欢迎。

几年之后，一位到他家做客的朋友在随意翻阅书籍时看到了这部手稿。朋友把它拿在手中，掸去厚厚的灰尘饶有兴致地阅读起来。看完之后，不住地连声赞叹，感觉这个故事太美妙了，就鼓动都格森赶快将它出版出来。可是都格森却高声大叫："绝不能这样做！这对我的身份来说合适吗？你要一个大学教师就写这种给小孩看的荒唐故事？一个牛津大学的教授写这种东西别人会怎么看？"

都格森虽然不赞同朋友的提议，可是还是将它出版了。都格森很在意教授的名声，所以他没有用自己的真实名字署名，而是随便起了个鲁易斯·嘉路尔的笔名。没想到，这本书出版之后立刻引起了轰动，让他想不到的是大部分英语国家都对它使用了溢美之词。它被翻译成各国文字广为流传，销售量一年胜过一年，印刷厂彻夜加印。巨大的成功令都格森瞠目结舌，他始终弄不明白，究竟这本书为什么如此有魔力？

文坛怪客德莱塞

美国最出类拔萃、最令人惊奇的小说家西奥多·德莱塞，像一头在大地上咆哮的短角野牛在文坛持续四处冲撞大约30年。如果不是他极大地影响了美国文学，也许现在美国人手里捧着的或许就是另一种风格的书了。1900年，西奥多·德莱塞出版了一本名为《嘉莉妹妹》的小说，立刻在全国引起了轰动，也可以说是激起了所有人的义愤。批评家们指责他写淫秽作品，传教士们强烈谴责他亵渎神灵，对他口诛笔伐的还有妇女协会，他们强烈要求对这本书进行封查。

发行商慌乱之下拒绝代理销售这本书。德莱塞也不知道自己的小说是否触及了社会道德底线，觉得自己仅仅把看到的人生描绘出来而已。如果换成现在，相信不会有人发出那样的攻击声，不但如此，相反还会掏出350美元购买这本小说的第一个版本。在拜访这位头发银灰、性情忧郁而又粗鲁的壮汉时，他那粗鄙露骨的谈吐时而弄得我瞠目结舌，时而又逗得我开怀大笑。

他性格直露，从不遮掩自己的想法，因此每当他出现在人群熙攘的宴会时，常常成为主人不得不紧盯着的"地雷"。有一次他在宴会上与人谈论俄罗斯的话题，对方是一位颇有身份的纽约银行家。争论中他竟辱骂这位银行家是个白痴和强盗。后来德莱塞说，他在争论时对自己最爱的人也会直言不讳。

他经常从一种十分独特的角度着力表现美国人的生活，并能挖掘出许多其他人不曾涉猎的题材。1925年他最杰出的小说《美国悲剧》面世时，他穷得身无分文，可是很快这本书为他"送"来40万美元巨款，光是这本书的电影拍摄权就卖了20万美元。我问他是怎么安排突然冒出来的这么多钱，他说很快就花掉了30万美元，用于购买股票、债券和抵押款。

因为从贫困之中成长的经历，所以德莱塞的小说很真实地揭露当时底层的社会生活。他那做洗衣工的母亲要抚养13个孩子，因此小德莱塞经常忍饥挨饿。他睡觉没有床，只能像小狗一样趴在地板上的一块破草席上。冬天太冷了，为了取暖他常常到铁道边捡从火车上掉落的煤块。他曾因为买不起鞋而无法去学校上学。可是当他真的来到学校后却又总不能安分，他从来不做学校指定的那些功课。他讨厌数学又轻视文法，他说他从来没有学过一点文法，以后更不会去学。如果按照他的想法，所有的语法课、文学课、小说创作课和新闻都应该取消，他说作家绝不是这样培养出来的。

有一天，德莱塞突然心血来潮想做一名记者，于是写了封信寄给《芝加哥环球报》，想在报社谋个职位。人家答复他暂时没有空缺，于是他找了一把椅子坐在那家报社门口，宣布除非报社聘用他，不然他就一直赖在那里不走。他真的在报社门口坐了一个多月，直至1891年6月民主党全国大会在芝加哥开幕前夕，他终于等到了报社需要聘请几位临时记者的机会，紧接着发生的一件事情令人难以置信。

有一天德莱塞约了几位同事喝酒，他们来到芝加哥欧第特利姆大饭店。有的记者开始抱怨搞不清楚民主党的候选人到底是谁，当时已经几杯鸡尾酒下肚的德莱塞借酒力信口胡诌道："民主党的候选人？我可听说是南卡罗来纳州的上议员麦肯迪，你们谁都没想到他吧？"

就在这时，这位上议员麦肯迪正从外面进来，他恰巧听到了这句话，于是就问道："简直太荣幸了，是谁刚才提到了鄙人的名字？"麦肯迪听了德莱塞坦言后点点头说："很好，我们一块儿去喝一杯吧。"

德莱塞接受了麦肯迪议员的邀请与其一起进餐，议员先生为他开了几瓶好酒，麦肯迪在酒至半酣时向德莱塞说："你和我一起去华盛顿吧，担任我的私人秘书。"麦肯迪饭后又说，"小伙子你听着，你将要听到一件最秘密的事儿，你是第一个得到这个消息的记者，总统候选人将是克利夫兰。"

德莱塞欣喜若狂，因为他刚做记者就搞到了本年度最具轰动性的一条消息。几个月后《环球民主报》正式聘他为编辑。后来该报一名戏剧编辑离职了，德莱塞接替了这一职位。虽然他自己也搞不明白，报社为什么要让对戏剧一窍不通的他去担任这一职位。

有一天夜里，圣路易城四家剧院将分别上演四部戏剧，德莱塞接受撰写剧评任务后因无法同时观看这4个剧目，因此他只到了其中一家观看演出，而其他三个戏的评论则是完全凭臆想编写出来的。那三篇评论写得如同他在现场绝对没有错过一分钟一样，甚至细微到对剧中的人物表情都做了描写。报纸第二天登出他的文章之后，他才听说因为洪水淹没了铁路，那天晚上圣路易城另外三个剧团都推迟了演出。他对自己如此荒谬的举动感到歉意和羞愧，因此选择离开了报社。

当我追问他的成功秘诀时，他这样回答："也没有什么秘诀，只是上帝仁慈。"

批判作家狄更斯

90年前的圣诞日，在伦敦有一部人们称之为"世界上最伟大的小说"的书出版了。这本书面世之后相当的长时间里，人们走在斯特兰街头或其他的什么地方相遇时，差不多都会向对方询问："你读那本有趣的小说了吗？"对方的回答也大都是："是的，拜主所赐，我读了。"

这本书出版的当天就卖出了上千本，之后的两星期里印刷厂又加印了15000本。在后来的许多年里这本书被译成了各种语言，在全世界畅销。美国大银行家摩根几年前斥巨资买下这本书的手稿，人们可以看到摩根把这份手稿连同许多无价之宝一起存放在纽约市美术陈列馆里。这本誉满全球的书就是狄更斯的《圣诞欢歌》。

毋庸置疑，英国文学史上作品最多、最受人欢迎的作家就是狄更斯。不过，当他第一次写出一部小说时，却害怕遭别人耻笑，只得在夜深人静的时候，偷偷上街把自己的处女作塞进邮筒。

当他22岁得以发表小说时，激动得热泪盈眶，一整天在街上无所适从地转悠。他没有因那部小说出版而得到1美分的稿费，这之后他又连续发表了8篇小说，仍然没有得到一分一毫的稿费。后来，他的一部小说终于让他收到了5美元的稿费，有趣的是，他的手稿现在每个字价值15美元，在这个世界上他也许是稿酬最丰厚的作家了。每一个字15美元的稿费是美国的柯利芝以及西奥多·罗斯福总统稿酬的15倍。

许多作家在离世5年之后就渐渐被世人遗忘了，但狄更斯去世63年后，他的一本讲述"我主耶稣"的册子仍然被出版商花费20多万美元购买，那是狄更斯写给自己的孩子的一本小书。一个世纪以来，狄更斯的许多小说都十分畅销，可能只有莎士比亚的剧作和《圣经》的销量能与之媲美。他的作品可以点燃人们的激情，不管在银幕上还是在剧院里。

狄更斯在学校生活不足4年时间，但他却用手里的笔写下了17部伟大的小说。他的父母曾创办过一所学校，狄更斯却从来没有进去就读是有原因的。当初计划组建的是一所女子学校，学校门口放置一块印着"狄夫人学校"的招牌，一年多的时间里，全伦敦竟然没有一个年轻女子来这所学校就读，由此，他父母欠下了巨额债务，债主随时跑来不停地拍桌子吵闹。最后，债主们把怒火转换成起诉，狄更斯的父亲由此被送进了监狱。

狄更斯的童年是在贫困中度过的。父亲因欠债被投入监狱时他仅仅十几岁，当时家里已揭不开锅，狄更斯每天早上去当铺变卖家中仅有的几件破家具，最后，他不得不卖掉自己爱不释手的10本书，要知道那是支撑他生活的"食物"。当他多年之后提及此事时说："在决定变卖它们时，我真的悲痛到了极点。"

后来，母亲带着4个孩子也进了监狱。狄更斯白天去监狱探望家人，到了夜里，他和两个贫民窟的孩子挤在一间狭小而肮脏的阁楼里休息。之后他得到一份在老鼠活动猖獗的车间里给黑鞋油瓶贴商标的活儿，赚了几个便士后他就搬到另一间黑暗狭小的阁楼里，在他看来那就算是享受了。

狄更斯以自己苦难的童年为原型写出了著名小说《雾都孤儿》。他在这部小说里塑造了一个世人皆知的孤儿形象——奥立弗·忒斯特。

在狄更斯的作品中，人们常常能看到他用大量文字来描写美满家庭生活，但是他本人的婚姻生活却十分糟糕。他和一个毫无感情的女人一起生活了23年，对方为他生了十多个孩子，他的痛苦却一年比一年沉重，最后他再也无法忍受这种无爱的婚姻了，于是他在自己主编的刊物上大胆地公布了自己的离婚事宜。这种做法是维多利亚时代的人难以想象的。狄更斯并没有因为这件事感到内疚。

人们通常认为狄更斯极具慈爱之心，但他离世前留给嫂子20万美元的遗产，而只留给与他生活多年的那个可怜的女人每个月150美元的生活费。他极具自尊心，别人的一点微词就会令他勃然大怒。他特别在意别人对他容貌的评价。1842年他首次到美国时穿着鲜红色内衣、淡蓝色外套，在众多美国人面前晃来晃去，并在大庭广众之下取出梳子整理自己的头发。美国人对此很是奇怪，而狄更斯也对美国人竟然让自己的猪在纽约的大街上成群乱窜而感到惊奇。

那个时代狄更斯是最受欢迎和崇敬的人物。他第二次到美国旅行时，人们为了目睹其风采居然在凛冽的寒风中排起长队。为了买到狄更斯售价3美元的演说门票，人们甘愿睡在布鲁克林的大街上。门票售罄时数百人因买不到票而寻衅滋事。

浪漫主义作家大仲马

有许多描写历险故事的小说，你认为最精彩的是哪一部呢？是《鲁宾孙漂流记》还是《金银岛》？每个人有不同的爱好，最吸引我的是《三剑客》。《三剑客》直到现在仍然拥有数目巨大的读者群，你外祖母在剧院里看这部作品时还可能是小姑娘呢，而现在当我提及这本小说时，不知道还有多少人正捧着它在认真阅读呢。

这本书在世界各地得到了广泛欢迎，差不多每个国家都出版发行过《三剑客》的译本。有一次该书作者自豪地说，他一辈子有500多个后代。这句话的可信度也许只有一半，因为他不缺少和女人之间的绯闻逸事，虽然他既胖又丑。有意思的是他经常对外宣称自己此生绝不会结婚。有一位爱上他并决意与他成婚的富家小姐以高价收买别人手里他签下的欠条的手段向他逼婚。按照当时的法国律法，无力偿还债务的人将被投入监狱。这让向来放荡不羁的他不得不严肃对待，是蹲监狱还是同这个女人举行婚礼？他最后的抉择是：与那个女人结婚！

大仲马身世复杂，有3／4白人基因，有1／4棕色人种基因。他的祖母玛丽·大仲马曾是西印度农场的土著奴隶，卑微的身份使她没有机会接受教育，被贫穷困扰了一辈子。她永远也不会想到自己的孙子竟然能成为大名鼎鼎的文学家，受到包括那些重臣贵胄在内的所有人的崇拜。

大仲马的外表与他的祖母有些相像。他有着洁白如雪的肤色，有如西印度天空一样蔚蓝的眼睛、厚而宽阔的嘴巴、凹陷而宽扁的鼻子，色泽枯黄如草的头发蓬乱卷曲。不要小看其貌不扬的大仲马，他在美食上的造诣是可圈可点的，他烹制的酱油烤鸭的味道可以与他的小说媲美。

他不仅会吃，胃口之大也让人惊讶不已。不过他会因忙于写作而暂时忘记"照顾"他的胃口。他很少饮酒和喝咖啡，对抽烟也没有兴趣。工作时他很少接待客人，如果有人来访，他问候的方式最多会甩甩左手，而右手还在笔耕不辍。

这位文坛怪杰的写作癖好有些奇怪，写小说必须用蓝纸，写诗必须用黄纸，如果写杂志约稿，稿纸则必须是玫瑰色的。此外，他从来不用蓝色的墨水。他写作时不是在写字台前规规矩矩地坐着，而是在沙发上斜躺着肘下夹个大枕头写作。这样的状态下，用不了多久，他就能文思泉涌、走笔如飞，一部接一部的美妙杰作就这样诞生了。

你惊异这些吗？不过，还有更多的惊奇呢。他笔下一共诞生了多少作品你可知道吗？实话告诉你吧，他一共写出了百余部剧本，而依历史学家统计，他的作品总数竟多达1200多部！与萧伯纳、史蒂文森、玛丽罗伯兹·蕾妮哈特、珍尼·格兰等和他同时代的名作家相比，大仲马作品的总数是他们作品总数的3倍。这样来看，大仲马必定有很高稿酬收入。确实如此，他有超过500万美元的稿酬，不但与他同时的作家无法相比，后来的大多数作家也无法企及。但是，就在舞台上刚刚出现他的处女作时，他穷得没钱购买一条白色领带！

这位体态壮硕、举止暴躁的大作家，照顾自己的母亲却非常细心周到，是一个典型的大孝子。他的作品公演的前几天，他的母亲中风发作，演出的那天夜里因惦记母亲，他一直坐卧不安，因此趁幕间休息期间跑回家，见到母亲之后他才稍稍安心。也就是那天夜里，大仲马的名声在整个法国犹如一声惊雷传播开来了，当街头巷尾在热烈谈论他的剧作时，他却一直在母亲的病榻前守护到天亮。

大仲马惟妙惟肖地刻画了作品中的人物，这些人物被他描绘得形象生动、栩栩如生，阅读之后给人一种难以形容的鲜活感。他非常专心地投入创作，有时候会突然大笑起来，仿佛面前站着他所刻画的人物。无法找到好题材让一些小说家很苦恼，对他们来说写作比生孩子还痛苦，大仲马却好像有说不完的故事，他的生花妙笔将永恒的灵魂注入那些故事当中。大仲马有壮硕身材及充沛的精力，为报社夜以继日地撰写大量的连载小说、时事评论，可是他却没有时间阅读自己的作品。

晚年大仲马过着奢靡的生活，整天在美酒和女人之中沉迷而不能自拔，在迷茫的中做了很多糊涂事。当时纸醉金迷的巴黎充斥着低俗阴暗的享乐思想，身在其中的大仲马沾染上恶习是可以理解的。有人说，常有一些不三不四的轻佻女子进出他的住处，这些女人与他不可能有真爱，他的财富才是她们这些人所爱的。当他的钱财被骗走了以后，她们就无影无踪了。最终混乱的生活造成了他经济窘迫，有时他需要把自己的衣服拿去当当，用换来的钱交房租，这听起来简直让人难以置信。要不是他的儿子小仲马看在父子情分上帮他承担债务，他可能已经饿死了。

大仲马离世前几天仍然在阅读自己的那部《三剑客》，儿子询问道："父亲，对这本书你满意吗？"大仲马不假思索地说："写得非常好！"

我认为大仲马这样说没有自夸，这本书确实是本名著。你如果还没涉足，我建议你可以找来读一下。除了《三剑客》，大仲马还有其他传世作品，不过随着时间的推移渐渐被人们遗忘了，只有《三剑客》直到今天还依然被人们经常提起。

笔耕不辍的韦尔斯

韦尔斯全名叫赫伯托·乔治·韦尔斯。虽然他行动不方便，却有一颗自由的心灵在天宇翱翔。让我们先回顾一件往事：一群孩子正在伦敦郊区的一块荒地上随心所欲地打闹玩耍，一个年龄稍大的男孩把当时还是小男孩的韦尔斯抓起后用力抛到空中，当韦尔斯坠落时那个大孩子却未能接住，韦尔斯重重地落在地上摔断了一条腿。小韦尔斯几个月时间待在床上无法动弹，他的腿骨始终无法痊愈，并且还有可能随时发炎，这是十分危险的事情！韦尔斯虽然年纪轻轻却毫无畏惧，敢于直面现状和未来，他后来成为一位声名斐然的大作家。

韦尔斯回忆自己的童年，认为摔伤腿并不意味着什么都完了，他逼迫自己敢于迎接挑战，为一生奠定成就的基石。摔伤腿部后他无法出门，至少有一年时间只能靠读书来战胜无聊和寂寞。没想到，他的热情被书籍点燃了，从此开始踏上文学之路。

韦尔斯靠写作获得了丰厚的回报，每年有高达100万美元的稿酬收入。他出生于一个贫困家庭，父亲年轻时从事专业曲棍球运动，退役后开办了一家收入很一般的小瓦器店。韦尔斯出生在小店铺一间既是卧室又是厨房的小房间内，屋子不但面积狭窄而且又脏又黑，只有从墙壁的缝隙中射进来一点点光线。给韦尔斯留下最深的童年印象是，他通过砖缝能够向外看到无数来回走动的腿，这让他在功成名就之后写出了一篇以腿为题材的作品；他在文中写道，想了解一个人的身份和地位，可以从这个人脚上所穿的鞋子做出判断。

韦尔斯家的小店由于经营不善关门了，一家人从此过上了更加贫穷的生活。他的母亲为了贴补家用，给一个富商家看门打杂。因为时常去看望母亲，韦尔斯从富商家庭或多或少了解到英国上层社会的模样，并对下层社会的困苦有了更深体会。

韦尔斯，这位《未来世界》的著名撰稿人，进入社会谋生时只有13岁，他是在亲友的推荐下才得以进入一家杂货店从事记账工作的。这份工作需要他每天5点必须起床，先把铺子打扫干净并生好炉火，之后再处理其他琐碎事务，每天要工作14个小时后才能够休息。

他对这种低贱的工作十分反感，恨不得随时辞职回家。即使他如此付诸艰辛，老板对他还是不满意，在他工作满一个月后辞退了他。理由是他穿着太随便，脸上的表情总是郁郁寡欢，接待顾客不够和善。这样的结果让韦尔斯心情不爽的同时也暗自庆幸——辞职不用自己花时间了。不久他又被另一家药店聘请做记账工作，这一次也是工作满一个月被辞退了，辞退的原因他也不知道。

他的第三份工作是在一家杂货店打杂。之前的经历和生活的艰辛迫使他做事小心谨慎，他的性格变得忍耐谦让。趁老板不注意时，他也会一个人悄悄钻到地窖里阅读赫伯托·斯宾塞的著作。两年之后，韦尔斯实在不能忍受这种苦闷的生活，于是在某天早晨他离开店铺去找母亲，他没吃一口饭走了15公里，一见母亲的面他就泪流满面地跪了下来，说如果让他在那种环境中继续熬下去，迟早会自杀。

几天之后他给原来的老师写了一封语调凄苦的信，在信中，他描述了自己的艰难生活，也提及了自杀。仁慈的老师被他打动了，先是回信安慰他，随后又邀请他担任那所学校的教员。这给他的命运带来了重大改变。

后来韦尔斯意识到，幼年的工作经历对他的成长还是有帮助的，他本来比较懒惰，经历了很多磨炼后，他懂得了人世间的许多道理，他知道了想成功就要付出辛苦的努力。具备社会阅历的韦尔斯的教员身份得到学生们的认可，他的生活终于稳定了下来，不过一次突发事故又把他带入了危难之中。

他在学校某次足球比赛中担任裁判员，一名球员在争抢之中不慎将他撞倒在地，随后他的身体又被其他球员相继踩踏，导致他立刻昏迷过去。人们把他送到医院，经检查发现他的肺部和肾部严重受伤。他的伤势令众多的医生感到无力回天，他只能听天由命了。可是，他出人意料地逃脱了死神的手掌，重新活了过来。

再次遭受劫难的韦尔斯从此落下残疾，其后的12年，他备受病痛的折磨，出人意料的是最终却把他塑造成一个声名显赫的大作家。他在开始的5年里近乎疯狂地写作，但对写出的东西又非常不满意，甚至一把火将所有手稿烧掉。欣慰的是韦尔斯伤愈之后又找到一份教书工作。授课时他与一个靓丽的女学生一见钟情，彼此吸引，最终他们步入了结婚的礼堂。

病魔缠身和充满信心这两种状态同时出现在韦尔斯身上，他强忍着病痛每年都要完成一部作品。这种激情四射的创作热情最终让他获得了成功，他的忠实读者越来越多，这让他获得了生活的勇气。在伦敦的办公室里、在车上、在风景秀丽的地中海边……

他手中的笔几乎从未停止过，他走到哪里就写到哪里。在法国他租下了两栋别墅，一栋用来写作，一栋则用来待客。他接待客人通常只在晚上，白天是他创作的时间。头脑中一旦有了灵感，他立刻会拿出随身携带的小本子记录下来。

这个曾经几次被老板辞退的懒孩子，曾在别人面前炫耀说：那个本子上的材料，足够他写一个半世纪了。

评论大师辛泰尔

十几年来辛泰尔每天都要为《每日纽约》栏目写一篇评论，写完之后在498家报纸上同时登载，他的文章备受青睐，保守估计，也肯定会有2000万读者。

在纽约人看来，辛泰尔毋庸置疑拥有评论界权威的头衔。不过，辛泰尔并不是地地道道的纽约人，他出生在密苏里河畔，刚过三十岁他就来到纽约。他的文章观点独到，善于分析社会现象。

人们对他的真知灼见十分佩服，他被视为纽约最负盛名的人物。如果你对辛泰尔的地址很陌生，还想寄一封信给他，那么你只需把一张从报纸上剪切下来的他的照片粘贴在信封上，然后把信投到邮筒里邮寄出去就万事大吉了，几天之后他一定能接到你的信。我之所以敢这么肯定，是因为每月都会有四五十封这样的信送到他那里，寄信人大多是他的粉丝。

辛泰尔的奇闻趣事很多，他每天给报纸撰写评论，一周下来能获得2150美元的报酬，不过一生中他与自己的合作者只会面过3次。尽管他很忙碌，却从来不雇用秘书，他自己亲手打印出所有的文字。他每年有10万美元的收入，美国总统的收入都没有他多。虽然他有一个写字间，可是他从来没有在那里写作过，他在家里写出所有的稿件，没有一次例外过。

他的确有独一无二的个性。他卓著的声名让电台常常邀请他制作节目，有一年31家电台向他发去邀请文件，但他无一例外地一一谢绝了。

有一家电台提供这样的合作条件——他可以在家中的写字台旁边装上播音机，播发节目的报酬是每分钟500美元，可是他依然没有接受。辛泰尔不接触播音节目，而且也拒绝出演电影。

一些好莱坞的电影公司，特别是华纳公司经常找上门来，提出一些建议，希望他随便挑选角色出演一部影片，可是依然没有得到他的应允。华纳公司还不甘心，又寄给他一封内有一张空白支票及合同的特殊邀请信。

他们承诺说："你只需把你想得到报酬的数字填在支票上，然后签上你的名字寄回来就可以了。"不久他就将合同寄了回去，但是合同上面并没有一个字。

我曾问他为何拒绝这种不易得到的机会，他回答道："我不擅长言谈，这就是原因。"为了证实自己的说法，他举了个例子：一天去洛杉矶参加一个宴会，受朋友的邀请他站起来谈论自己的感受，然而因为怯场，还没开口就已经汗流浃背了，犹豫了半天还是没有说出一句话。他转向我笑着说，如果真的从事电台播音或者出演某部电影，说不定还会闹出笑话。

辛泰尔出生在密苏里河边的一个乡村里，他的父亲曾开过一家生意并不怎么好的杂货铺。3岁那年他的母亲就离开了人世，他一直跟着祖母艰难度日，直到成年。是什么原因让一个缺少至亲陪伴和疼爱的乡下孩子努力拼搏并获得了令人惊异的巨大成功呢？他把这样一个故事讲给我听："当我还只是个会捣蛋的孩子时，有一天一个眼科大夫来到村子里。

虽然这位纽约人不是个大人物，但是举手投足却显得很不寻常。他的丝质帽子令我非常羡慕，看着他时髦的穿戴我有些发呆，他的一举一动吸引了我……我对他崇拜至极，因为年龄小的原因，我误以为有资格穿有花边纹饰衣服的人才是了不起的。"

从这个小故事中可以看到，辛泰尔在懵懵懂懂的童年时就立志要成为一个有身份有地位的人。几年之后他来到雷波雷斯寻找工作，在朋友的推荐下他来到一家旅馆，当了夜班书记员。这份看上去并不怎么样的工作却最终改变了他的生活，他从接触到的形形色色的旅客那里了解到很多有趣的消息，这使他更加向往大都市，决心通过到各地旅行来增长见识、开阔眼界。

那时他地位低微，也没有朋友帮助，但激情澎湃，他决定在通向未来的大道上向着自己理想的目标勇敢地大步向前。他来到图书馆阅览与纽约相关的书籍，然后又想方设法谋到一家报馆差事。7年之后他进入曼哈顿的《波顿》杂志社工作。不过这次，他的运气似乎有些糟糕，在他任职仅仅3个月后这家杂志社就倒闭了，后来他又在《每晚邮报》找到一份工作，可是由于身体虚弱，工作不久，他被这家报社辞退了。

失业后他决定以写作为生，他把自己关在屋子里开始写作。从那时起，每天他都会把他撰写的一篇有关纽约的评论寄到各家报社。可是很长时间里，那些报社都没有刊载他的文章，因此他没有一点点的收入。辛泰尔十分失望，但他并没有就此荒废写作。他患有神经衰弱症，不得不写上一段时间就休息几个小时，意外的是，他的身体随着写作的持续却渐渐康复了。

辛泰尔有着独特的个性，尽管他居住在纽约这座繁华的大都市，却十分畏惧热闹的场所，甚至惧怕拥挤的人群。他亲口说，他十分恐惧陌生人登门拜访。他曾经长达一年时间待在旅馆里从未走出大门一步，他的朋友们想尽办法也没能把他弄出来。他几乎不涉足任何娱乐场所，更加令人不解的是，他竟然一辈子没进过戏院。

这位纽约的著名人士，不爱吸烟也不爱喝酒，却喜欢嚼口香糖。他很少运动，偶尔出外散步放松自己。他衣服的时髦样式完全可以媲美威尔斯亲王，不过伏案写作时，他却只穿睡衣。用"他结过婚了"这句话就可以概括他的婚恋史。他研究过一些电影，十分崇拜电影明星威尔·罗杰斯。他喜欢的歌曲是《印度之歌》。

第五篇

艺术巨匠

音乐天才莫扎特

教学成果丰硕的已故俄国教授李奥·波阿尔在音乐界久负盛名，他高徒满天下，世界上很多声名斐然的人物都是他的学生。他曾讲过十分深刻、让我永远难以忘怀的一句话："一个人要想创作出不朽的音乐杰作，那他的生活应该是贫困的。"也许他担心我不能领会，又补充道："贫困对人的内心大有益处，它可以催生出一种十分神秘美丽的精神，也会让人产生同情和仁爱的勇气。"对莫扎特来说，李奥·波阿尔的话确实恰如其分，莫扎特就是这样一个贫困者，不朽灵魂的拥有者。

一生穷困潦倒的莫扎特住在破旧的屋子里创作，在天气最寒冷的时候无钱买炭生火，只好将冻麻的手插入穿在脚上的毛袜子里暖一下，然后拿出来继续谱曲。大量美妙动人的乐曲就是在如此恶劣的条件下从他的心田流向世界，把莫大的欢乐带给世上所有人的。

食物的短缺和极度的劳累导致他的健康出现问题，也由此大大缩短了他的寿命，染上肺痨的莫扎特在35岁时在不堪忍受的病痛中离世。使人揪心的是他的丧礼十分简单——各种费用总共3.1美元。出殡时，前往墓地的途中突然下起瓢泼大雨，抬着装着他尸骸的棺材的6个雇工竟然四散奔逃，只有孤零零的棺材任凭风雨袭击。

没有人会觉得莫扎特一生可悲，他战胜了尘世的痛苦谱写出不朽的作品，获得了永恒价值。世上有着与莫扎特类似的经历的音乐家不计其数。桑弗德在某次谈话中说，他的挚友维克多·赫伯特生活拮据，刚来美国时穷得只有一件衬衣，无论春夏秋冬长年穿在身上。要是他的妻子洗熨这件衬衣，他就没衣服穿，不敢外出只能躺在床上。可是谁都知道，维克多·赫伯特是一位闻名世界的大音乐家。

在第一次世界大战时期，欧洲曾流传一首名为《通往蒂铂雷里的漫长旅程》的脍炙人口的歌曲，当时可以说人人能唱，它那动人的旋律时刻回旋在大街上。然而谁都不会想到这首歌的曲作者贾奇却生活穷困潦倒，为了生活他只能白天创作，夜间去剧院参加演出。

《白发吟》也是受到大家十分欢迎的歌曲，它的作者哈特·邓克斯有着同样多舛的命运，出版商得到他这首送给妻子的歌曲只付给他15美元。他相依为命的妻子先他而去，而他最终在费城一间破旧的小屋里撒手人寰，晚景凄惨得令人唏嘘。他一个人在屋子里无人知晓地离开这个世界，在床边的桌子上留有一张写着这样一句话的小纸条："最艰难的莫过于老年孤寂。"

出生于德国一个屠夫家庭的安东尼·德瑞克家境的窘迫没能阻止他创作出《幽默曲》这样脍炙人口的歌曲，很少有人知道这首曲子是他在糖房和猪栏里创作出来的。德瑞克生活在波希米亚一个小村子里，没有受过良好教育，跟随父亲在屠宰场度过自己的儿童时光。然而他那纯真善良的心田却被大自然播撒了音乐的种子。他来到捷克的东城学习音乐。家里很少给他汇钱，身上只有几便士，和几个出身同样贫寒的同学挤在一间破旧的小屋里。就是在这样困难的条件下，他仍然满怀激情地创作出人世间最动听的音乐。

在音乐界，这样的例子不胜枚举。莫扎特、德瑞克这些伟大的艺术家，正是因为不断与贫困抗争并充分调动自己的艺术天赋，才赢得了永久的赞誉。

雕塑艺术家罗丹

　　奥古斯特·罗丹出生于法国一个贫困的基督教家庭，他的父亲是警察局一名普通雇员，母亲是一名平民妇女。矮胖的小罗丹长着一头红发，看上去有些腼腆，总是喜欢在地上涂涂写写。父亲从来没有把罗丹培养成一个画家或雕塑家的想法，因为在他看来这个家庭似乎不具备产生艺术家的条件。

　　由于家里没有画图的资料，罗丹费尽心思找来一切能够画图的纸张，并用木炭代笔作画。为人和蔼的母亲虽然抱怨没有废纸生火，却仍然把凡是可以涂画的纸都让罗丹任意去画。为了让他日后过上富裕的生活，父亲要求他学一门手艺。

　　罗丹在学校的所有功课都不令人满意。他听不进去那些宗教教义之类的东西，对算术也心不在焉，总之，他对所有课程都无法产生兴趣。为此，父亲常常修理不争气的儿子，然而却没有取得任何效果，父亲只好把儿子送到哥哥亚历山大负责的学校里。伯父似乎对教育罗丹信心十足，他想方设法试图让侄儿搞懂那些算术以及文法，可是收效甚微。原因之一是小罗丹眼睛不好，根本看不清楚黑板上写些什么，他把心思都用在了绘画上。伯父的努力诉诸东流。

　　老师有一次看到罗丹上课时私下画画，就拿起戒尺狠狠地打了他的手，此后的一周内，罗丹的手都抓不住笔。后来他在课堂上画画又一次被老师发现，老师鞭打了他一顿，但他还是不改，依然我行我素，继续画画，甚至还把老师画在了纸上。

　　直到14岁时罗丹才离开伯父的学校。罗丹的学业早就令父亲彻底失望，父亲认为他既然不好好学习，就只能让他去干点别的。而此时罗丹更加坚定了自己的兴趣，他向父亲提出了学习画画的请求。火冒三丈的父亲认为画画就是浪费时间，在巴黎当时至少有2000名一事无成的画家，但是姐姐玛丽却支持罗丹学画画，很不情愿的父亲只好把罗丹送到巴黎美术工艺学校。罗丹读书的全部费用由姐姐玛丽凭借工资独立承担，所以罗丹从小就对姐姐满怀敬爱。

巴黎美术工艺学校是1765年由画家巴歇利埃创办的，罗丹在这里主要修习装帧艺术和制图。艺术教师勒考克是罗丹的启蒙老师。勒考克对学生从来不按照学院派的条条框框去要求，他在教学开始时就告诉罗丹要忠实于自己，忠实于艺术灵感。他的指教奠定了罗丹后来的艺术道路。在校时罗丹常到卢浮宫去观摩巨匠的名画，由于买不起油画颜料罗丹转学雕塑班，并从此和雕塑结下了不解之缘。罗丹后来被勒考克推荐给当时法国著名的动物雕塑家巴耶，罗丹拜巴耶为师并在那里接受了很好的基础培训。

三年后，罗丹已经有能力考入巴黎一流的美术学院了。勒考克又把罗丹推荐给当时著名的雕塑家曼德隆，并请对方推荐罗丹进入巴黎美术学院深造，但最终罗丹还是没能迈入他渴求的高校大门。第二年罗丹的梦想还没有实现。第三年，一个老态龙钟的监考人在罗丹申请书上写道："此生毫无天赋，继续报考，纯属浪费时间。"巴黎美术学院就这样把一代欧洲雕刻巨匠拒之门外。年轻的罗丹深受打击，情绪低落了好长一段时间。

随后更大的打击又接踵而来——罗丹敬爱的姐姐玛丽因为失恋进了修道院，落寞而枯燥的生活让她无法承受，病了两年后离开了人世。罗丹的精神在双重打击下完全崩溃了。他同姐姐一样在失意的状态下义无反顾地进了修道院，但是罗丹内心充盈着毫不停息的创造欲望，由此他被内心巨大的痛苦和矛盾所困扰。

善良而睿智的修道院院长埃玛尔明白罗丹内心的矛盾，他觉得罗丹确有才华，应该有从事雕刻和画画的机会，所以他建议罗丹还俗，在他喜爱的雕塑上发挥特长，"用艺术为上帝服务"。罗丹对院长的鼓励十分感激，他在修道院塑造了一件埃玛尔塑像，那年，罗丹23岁。他通过这件塑像显示出一名雕塑家敏锐的洞察力和娴熟的雕刻技巧。

罗丹走出修道院后找到他的启蒙老师勒考克，在老师的支持和帮助下，他边工作边自学。罗丹没钱聘请模特儿，于是找来一个叫毕比的塌鼻乞丐作他的写生对象。丑陋的乞丐脸上那种被苦难磨损的痕迹让罗丹感受到了人类所共有的凄苦悲凉，他由此联想到大雕塑家米开朗基罗一生孤独的艰苦创作，由此对生活与艺术的美丑有了更为深刻的理解。

他在创作中注重作品表现力，把思想内涵渗透到作品创作当中，他用雕塑家强有力的艺术语言，为人们思想带来的冲击首次超过视觉感受。这一艺术思想与米开朗琪罗大师的后期思想一脉相承。300多年后，罗丹的雕塑巨著《塌鼻人》首次完整地展现出来。

罗丹在自己的大部分作品中都表现出新的见地，但这些新见地却遭受到法国学院派的抨击，官方阻挠了他的由186件雕塑组成的宏大作品《地狱之门》的构思，问世的作品只有《思想者》《吻》《夏娃》等。

雕塑巨匠罗丹作为老师也是可圈可点的。他从未束缚学生的艺术创作，学生可以凭借自己的艺术才能形成独特风格，有些出类拔萃的学生得以日后与他并肩行进在艺术之路上。可以说，凡是与罗丹接触的人无不在艺术上受到罗丹的感染。

罗丹在欧洲雕塑史上的地位可以和诗人但丁在欧洲文学史上的地位相媲美。罗丹和高徒马约尔及布德尔三人被誉为欧洲雕刻的"三大顶梁柱"。后人认为罗丹是开创艺术新时代的雕刻家，又是最后一个代表古典主义的艺术家。他的一只脚还踩着古典派的领地，另一只脚却已迈进了现代派的殿堂。

另外，罗丹用他在古典主义时期锻炼成熟的双手，点燃了那不被传统所束缚的创作火焰，由此艰难地推开了现代雕塑的沉重大门。当后来的艺术家们纷至沓来时，他年事已高，难以为继了，不过他的创作为欧洲近代雕塑的发展奠定了基石。

　　一生中罗丹遭遇了很多人的攻击和嘲讽，但也得到无数人的理解和支持。微笑面对世界始终是他伟大人格的体现。他毕生在艺术创作中不停攀登，终于继米开朗琪罗之后树立起人类雕塑史上第二个高峰。他用自己的作品深刻揭示了人类的内心世界。

　　罗丹坚信"艺术就是感情"。他深刻独到的见解让他获得了崇高的艺术地位，在他的作品中看不到诸如肤浅的热情以及造作的内涵等浪漫主义的流弊。他对悲壮的主题感兴趣，也擅长在残缺中找寻到力与美。

　　罗丹的艺术思想超越了浪漫主义，也摒弃了门户偏见，拥有博大精深的力量。他赋予了作品强大的思想和精神魅力，给人以永恒之美，不停地鞭策着人们前进探索。

最早的电影明星碧克芙

你知道谁是世界上最著名的女人？其实，我也不敢确定。不过，我觉得摘取这项桂冠可能是一位加拿大和爱尔兰混血儿——体重刚刚超过100磅的格拉迪斯·玛丽·史密斯。史密斯走上跳舞之路时还很年轻。大卫·贝拉斯克曾指点过她，为了让人们记住她，还帮她把原来的名字格拉迪斯·玛丽·史密斯改为玛丽·碧克芙。

当格丽泰·嘉宝还在瑞典的某家理发店里给走进来的人们脸上抹香皂，玛丽·碧克芙已经在全美国引起轰动。还不知道梅·韦斯特在何地时，她就已经成为街头巷尾议论的焦点了。

她在电影界的影响时间之长是世界上任何一位影星都不能相比的，她的盛名让道格拉斯·费尔班克斯自叹不如她有名望。她以电影明星的身份最早站在水银灯前，她成为影坛上炙手可热的演员是在查理·卓别林到好莱坞献技之前的事儿。

玛丽·碧克芙上台领取酬谢时，年龄甚至小于法律规定的童工年龄。纽约的一些社会团体想要阻止她登台，他们振振有词地说，像她这么小的年龄应该在学校里多学点算术，不要在剧院里表演。结果这些人被碧克芙想办法骗过去了。她有一个比她大1岁的堂姐，碧克芙常常用她姐姐的出生证来应付这些执法人员，就是现在，大家还不清楚那不是她的真实年龄。

4月8日是碧克芙爷爷生日，她爸爸的生日是也是那天，史密斯家把这个日子当作孩子出生的吉祥日。于是，碧克芙的母亲也想像她婆婆那样把孩子在4月8日那天生下来，当作送给丈夫的生日礼物。不过，她的愿望没有实现，她并没有在那吉祥的日子让孩子来到这个世界。可是，她的父母无视日历和钟表的准确性，生拉硬扯地把她的生日定在4月8日。要知道，真正的时间是在4月9日凌晨3时。

甚至在她父亲离世以后，在30多年里他们家里的人都死抱着这一错误，向她祝贺生日仍然是在4月8日。为了不混淆人们的认知，直到她母亲也离世后，她才决定把自己的生日改回4月9日。

历尽酸甜苦辣的玛丽·碧克芙，也曾过着普通人的生活。有几年，洗衣服这类的活儿她不得不亲手做，她为了把湿手帕弄干，把它贴在玻璃窗上。10美分是她当时一天的生活费，而10多年后，她每小时就能赚1000美元，算一下，一秒钟的时间就有高达15美元的收入。

在她童年时，尽管家里生活艰难，母亲还是想办法做一些最普通的腌菜给孩子们吃。玛丽·碧克芙多年以来仍然最喜欢吃这种腌菜。她曾经和我说，那些奢华的英法大餐远远没有母亲的腌菜好吃。

这位世界上备受关注的女士平日里究竟过着怎样的生活呢？首先，她不把兴趣放在饮食方面。我有一天下午去她那里拜访，她说自己一日三餐只需一片烤面包和一杯茶足矣。我问她这样是不是有饥饿感，她回答我："自从我阅读了辛克莱的名著《丛林》之后，我就远离肉食，就算往肉铺的橱窗里看上一眼，我心里就会别扭老半天。我现在都要闭上眼睛才能经过肉铺。我童年时有一只小山羊常常和我一起嬉戏。所以直到现在只要有烤羊肉之类的菜肴摆在我面前，小时候的那个情景就会让我回忆起来，所以就咽不下去。我一直不吃猪肉，自己钓来的鱼也不吃，不过吃别人钓的鱼我却感觉香喷喷的。"

她说，人的困惑痛苦来自欲望，欲望会教唆你继而占有你，是你走向真正成功的障碍。她对散步和骑马有特殊的爱好，但却很少把精力用在这些活动上。她每天必须用12到16个小时的时间去工作，因此她让秘书分成两部分轮流值班，因为她不放心他们，觉得没人能比她更加能够吃苦耐劳。

她从不愿意浪费时间，她会邀请一位法籍同伴一起出门旅行，她这样做是想在旅行途中向同伴学习法语。她比世界上任何人收到的信都多，为了处理这堆信她每天一共要花掉10个小时。邮局为了装运她的邮件专门使用大包裹，那些信大部分是向她求助的。要想完全回应这些求助者的信件，即使再有10个碧克芙也无法完成。

玛丽·碧克芙能够真诚对待他人，她身上有无法抵挡的诱惑力，她给人真诚又谦逊的印象，让你丝毫感觉不到她因为有名望和地位而高高在上。她和我说，她甚至不在意自己死后坟前是否会有一块墓碑。

人们都知道，她在影片中经常饰演儿童。因为她要想找回那久违的童年欢乐只有通过虚拟的电影世界才能实现。我向碧克芙女士提出一个问题，在美国像好莱坞明星们那么美丽并有表演天赋的女孩是否还有一大堆，她回答说："对啊，不过要成功其实更要有好的机会，而我们常说的'爆冷门'就是好机会，换句话说，平常人其实不如好莱坞的明星们更会'爆冷门'！"

碧克芙的父亲是个商船会计，在多伦多、加拿大、纽约及巴弗罗数地之间经常往返工作，一次意外事故使他不幸罹难，当时女儿4岁。如果上帝让他复活，他看到已经红透了全世界的小格拉迪斯，该是多么欣喜啊！

好莱坞影帝克拉克·盖博

雄踞好莱坞影坛长达30年的克拉克·盖博，出生在俄亥俄州加德斯，在受雇于一家小剧团之前，曾经干过各种杂活，1931年主演了处女秀《多彩的沙漠》。他后来之所以能迅速走红并成为"好莱坞影帝"，是因为他擅长塑造粗暴、蛮横而又多情的角色。

让他的声誉登峰造极的角色是他1939年饰演了影片《乱世佳人》中的白瑞德，这个角色让他顷刻间成为美国男子汉精神的代表。1942年他的第三个妻子乘飞机罹难，他遂成为美国空军飞行员，并执行过5次轰炸任务，最终获得了美国政府嘉奖和勋章。

拥有克拉克·盖博这样声誉的人在众星灿烂的美国并不常见。在电影界他是粉丝遍布全球的超级明星。一个人可能不了解美国历史，也没听说过美国任何一位将军，但他在听到克拉克·盖博这个名字时，一定会眼前一亮。

克拉克·盖博的南非之旅，得到那里女影迷们的疯狂追捧。她们争先恐后地接近他，抢走了他的帽子，扯坏了他的外套、衬衫，他的一切物品在她们看来都是求之不得的纪念品。第二次世界大战爆发后，他的第三个妻子因飞机失事而罹难。

当时，他的周薪达到7500美元，相当于美国总统全年薪水的1/10。已经42岁的他没有醉心于好莱坞优厚的报酬，而是果断地弃影从戎，加入月薪只有50美元的军队中。因不再从事电影了，他想尽可能远离大众，但是，好多英国粉丝还是发现了跟随部队来到这个国家的克拉克·盖博，她们跟踪他，他无奈只好躲到基地附近的某个教室，可是那些在田间劳作的乡下姑娘放下手中的活计，来到他所在的基地附近耐心地等候他，只想看他一眼。

我结识克拉克·盖博是在两三年以前的某天。他给人一种谦虚而和蔼的感觉，他的这种人格魅力也感染了我。他虽然在数十部电影里饰演过不同的角色，但所有饰演过的角色的戏剧性都比不过他的自身经历。

15岁那年的一个夜晚，克拉克·盖博在爱可伦市的一个小餐馆吃饭时意外地遇见了到此地巡回演出的演员，这让他惊喜万分。当时他是一家橡胶公司的记录员，来到这个陌生的地方还不足3个月，他的生活被各种农活占据：挤牛奶、喂猪、叉干草，玉米地里劳动。那样的生活实在令他厌烦，但没办法还得硬着头皮做。

那个晚上他第一次真正接触到演员，过后他问自己："这就是演员么？"有时他甚至想"我将来也会成为一名演员。"为了实现自己的梦想，他先在剧团里干了两年没有任何报酬的杂活，积累了一些做演员的经验。

在此期间他是怎么生活的呢？他和演员们相处得不错，常常跟他们在一起吃饭。晚上就睡在舞台边，把脱下的外套当作被子盖在身上。他不吃早餐的习惯就是在这段时间里养成的，成为大明星后，这个习惯仍然没有改。

15岁时，他意识到自己处在一个灯红酒绿的交际场中，他对觥筹交错的生活很满足，觉得自己很幸福。

他成名后有人问他："你现在每天赚1000美元，是不是比当初做杂工更幸福呢？"他回答说："不，那种快乐金钱无法买到！"他在剧团度过了两年充实快乐的时光，随着他的继母的去世，他的演员梦想似乎也随之毁灭。他的父亲准备去俄克拉荷马州油田，并要他随同前往。在父亲看来，儿子在剧团干杂活不拿薪水的行为实在愚蠢，因此没有给克拉克·盖博留下余地，他只好跟随父亲去了俄克拉荷马州。

克拉克·盖博在炼油厂找到一份工作，一干就是两年，每天他需要抡动无数次18磅重的铁锤以及在60英尺高的钻井台上为滑车涂抹润滑油，他总是弄得油污满身。19岁时，他再也无法忍受这种日子，于是来到"约尔·普列兹"乡村剧团打工，虽然只是个三流剧团，但演出范围却涵盖了堪萨斯州、加利福尼亚州等美国中西部一带。在一块空地上搭起帐篷，在里面就可以表演诸如《汤姆叔叔的小屋》等剧目，也上演了红极一时的《查理的婶婶》。

当然这个剧组也不能给他高薪，克拉克·盖博曾告诉我，演员们没有固定收入，剧团在支付各种费用后，会把结余部分平分给大家，有时一星期下来每人只能分到2.75美元！

身负债务的他慢慢地绝望了。1922年3月21日，他流浪到蒙大拿州比特市，漫天风雪中他孑然一身，一无所有。第二天早上他走向车站时，裤子满是补丁，鞋底磨破了，口袋里只有7美分。他写了一封电报给父亲："速寄路费，以便返乡"。电报写好后他又犹豫了："这个电报真要发出吗？我最感兴趣的表演难道真的要放弃，后悔了怎么办？"他那荷兰血统中特有的不屈精神最后主导了他的决定，他决定要克服困难、追求自己的梦想。

于是他撕掉已经写好的电报，离开了比特市。他偷偷爬上一列火车，在经过一个河谷时，被人察觉后把他无情地赶了下去。后来，他用做木材搬运工攒下的3个月工钱做路费，登上了去俄勒冈州波特兰市的列车，在波特兰市他加入一个乡村剧团。但是这个剧团经常入不敷出，因此他又陷入了困境，只好做临时工维持生活。这期间他给测量师当过助手、赶着驴子耕玉米田、养护公路、搬运木材，干过很多活。

之后他又回到了波特兰。只要听说哪儿雇人，他就会跑去面试，却屡试不第。有一次终于在一家报社谋到一份差事，但不久报社大规模裁员，他又一次丢掉饭碗。

后来他找到待遇为每周16美元的"理想"的职业——在电话公司当架线员。他的人生因此而改变了。他有一天去利特鲁剧院修电话，偶然认识了剧团女导演瑟芬·狄伦。他谦虚地向约瑟芬请教演技，在交往中这位女导演渐渐被克拉克·盖博吸引。之后爱情的火花点燃了他们的情感，1924年，12月坠入爱河的两个人结婚了。在以后的日子里两个人一起奋斗。

克拉克·盖博几年后终于得到在警匪剧《自由的灵魂》中扮演角色的机会。从此以后他变得更加自信，也开始有了当大明星的志向。他以前总是向电影导演们寻求在百老汇充当临时配角的机会，而这次居然有机会在影片中扮演有台词的角色，这自然让他欣喜万分，也让他产生了进军好莱坞的想法。但是这部影片6年后才得以上映，放映后也并没有产生他想象中的那种轰动效应。

一晃8年他都是以临时演员的身份出现在荧幕上。他的日薪甚至在《风流寡妇》中担任角色时也只有7.5美元。成名后，他还特地在墙上挂上装裱好的当年日薪7.5美元的通知单，并在上面工工整整地写上："盖博，别忘了当年！"这样做自然不是炫耀，只是为了提醒自己要继续凭借不屈的毅力和顽强奋斗的精神取得更满意的成绩。虽有显赫声名却无一点傲气，这都是源自他诚实、善良的性格。

他在迈阿密美国空军学校接受军训期间，曾被学校评为全校最受欢迎的人。只有经过长期的严格训练后才能担任空军射手，数万年轻人对这种残酷的训练望而却步，但42岁的克拉克·盖博却能迎接挑战，并成为其中的佼佼者。

克拉克·盖博最善于扮演情圣，让人不能不艳羡他在这方面的演技，但他却回忆说自己年轻时总是不能顺畅地和女孩子交往。他经常暗恋别人，而对方却对他没有感觉，这种单相思使他备受煎熬。他十分羡慕那些在女孩子面前总是能谈笑自如的同伴。

因为顽强与坚韧，他由一个害怕和女孩子交往的人锻炼成了勇气过人的硬汉。在他获得的空军一等荣誉奖章上刻有这样一句话：盖博上尉在历次战斗中表现出了勇往直前的高贵品质，以资表扬。

好莱坞影星嘉宝

为了实现自己的梦想,她辞去了稳定的工作,自己掏钱走进戏剧学院专心学习。因为有执着的勇气,她才能够从一个不被人知的女孩迈入好莱坞大牌明星的行列,用自己的青春和美貌写出一个影坛神话。

有两个在理发店打过工的人后来成为好莱坞著名影星,调配肥皂和水是他们的拿手好戏,还懂得怎样才能均匀地涂抹在适当部位,以方便理发师刮掉顾客的胡须。这两个著名的人物都是大影星,一个是葛丽泰·嘉宝,另一位是查理·卓别林,在他们成名之前,都做过这种卑微的职业。

嘉宝出生在瑞典,19岁时来到美国。尽管她英语说得不熟练,在这里一个人也不认识,但是她向往美好的未来,在这个“黄金之国”非常想获得成功。十几年后,她以女神般的形象在银幕上大放异彩,光芒四射。

嘉宝在儿童时期就显现出与众不同的个性,她不喜欢呆板的课堂教育,也不愿意接受老师的管束,因而经常独自一人从学校跑到戏院去。在戏院后面的走廊上就可以欣赏到舞台上演出的节目,而且不用买票。她对演员们的表演非常喜爱,回到家后,她就把水彩涂抹在自己的脸上,饶有兴趣地模仿自己看到的动作。她的这些行为,总是遭到大人呵斥。

在嘉宝14岁的时候她父亲就去世了,衰落的家境很快迫使嘉宝辍学并让她成为一家理发店的学徒工。她在那里度过一段时间之后来到斯托克荷姆市,找到一份在商店里推销帽子的差事。嘉宝在一次促销活动时幸运地成为那部宣传片里的一个角色。这原本是很不起眼的事情，但却让嘉宝获得了展示表演才能的机会，并得到了一位导演的赏识。他认为嘉宝很有表演天赋，特别是她那天真又神秘的表情非常独特。导演看中了嘉宝，极力鼓励她放弃现有工作去戏剧学校学习表演，期望她将来在演艺界展示才华。

其实嘉宝也不喜欢眼下的工作，但是又不能轻易放弃，因为手里没钱支付去戏剧学校的费用，这让她感到为难。但她出于对表演的热爱和对未来美好生活的憧憬，还是果断地听从了那位导演的建议，辞掉工作去重新开始新的生活。人们应该为嘉宝的这个明智选择感到高兴，如果她不做这样的选择，在商店里极有可能耗掉这一辈子的时光。

嘉宝的机会很快就来到了。瑞典籍的著名导演马莱斯·史蒂勒很偶然地来到戏剧学院，为自己的影片挑选一名配角演员。嘉宝凭借自己与众不同的气质在众多应试的学生中脱颖而出，史蒂勒选中了她。她那个时候的名字叫葛丝塔·福生，导演史蒂勒认为这个名字缺乏特点又很难记住，于是就把"嘉宝"这个更为动听的名字送给她。嘉宝在这个影片中给观众的心中留下的印象难以磨灭，一颗闪耀的新星从银幕上冉冉升起。

嘉宝留给人们留下了非常神秘的感觉，无一例外，凡是与她一起工作过的人，都对她捉摸不透。她与华莱士·皮雷工作在同一个公司，但是，她和华莱士竟然一直没有照过面，这是一个很寻常的例子。他们同在一部电影中扮演角色，皮雷以为终于可以有幸一睹其尊容了，但是结果还是让他再次失望，因为他们拍摄不在同一场地，并且时间还要错开，所以他仍然未能如愿。

同样失望的还有美国著名的影评家亚莎·白利斯伯先生，为了亲眼见到嘉宝，他特地来到好莱坞提出参观拍戏现场，但嘉宝毅然拒绝了这位资深崇拜者的见面要求，她给出的理由是："我非常喜欢白利斯伯先生写的漂亮文章，但是如果他在现场，我拍戏就不能集中精力。"更无法理解的是，有时候嘉宝会把导演也请出现场，也就是说，此时她只能和摄影师照面。这就是令人难以琢磨的嘉宝！

那位幸运的摄影师就是甘廉·达尼斯，他很了解嘉宝的心思，因而他们合作良好，嘉宝也乐意配合达尼斯的工作。达尼斯是嘉宝主演第一部影片的摄影师，他们就是在那时候相识的。达尼斯认为嘉宝外表坚定但内心犹豫，在拍摄时他一直在鼓励嘉宝。每当拍摄完成一部片子的时候，达尼斯都会向嘉宝表达热情的祝贺，并且赞美她成功的表演，而且还会提出再度合作的愿望。对此嘉宝常常被感动得热泪盈眶。他成为她的一生知己，只要是她拍片子，都会要求达尼斯把镜头对向她。

嘉宝几乎不和外界联系，在她回到欧洲之后只把一封电报发给了摄影师达尼斯，不曾给公司寄过一封明信片或者信件。尽管全世界影迷青睐嘉宝，但是她的知己几乎没有。她总是回避公众场所，见到陌生人很害怕，她作为著名影星虽然家喻户晓，但是有人向她介绍陌生人时，她总是情不自禁地往后躲。她对孤独习以为常，在圣诞节，她最喜欢一个人在家中静静地享用圣诞晚餐。她的家一直很安静，没有电台广播的声音，也没有喧哗，就连电话铃声都很少响起。

另一个大的秘密就是嘉宝的寓所，知情者在整个美国也没有几个。它被她隐藏得很神秘，甚至她的邻居都不知道，他们怎能想到那位著名的大影星就是自己的邻居。当她的住址被人知道后，很快她就会搬到另一个人地方。有一次嘉宝预交3个月的租金搬进一所房子，3天后便有位神奇的摄像记者找上门请求采访她，嘉宝把他送走后马上又换了住处。她的住址只会告诉给最知心的朋友，并且她还能得到她的欢迎，这样的朋友只有两个。

嘉宝生活节俭，汽车已经很破旧她也不愿换新的。她在家里只雇用多了3个人：一个司机为她开车，一个女佣照料她生活，还有一个厨子为她做饭。她有高达7500美元的周薪，但是她一星期最多的消费也不超过100美元。

嘉宝喜爱的动物多种多样。有时外出散步，如果恰好遇到一只狗或一匹马，她一定会走上前去看一下，拿出点食物喂它们或者用手抚摸，有时候还会跟它们说上几句话。她在游泳池里放养很多金鱼和青蛙,她会与它们在水里嬉戏。有一次,我认识的一位朋友去拜访她,看到她正在和一只青蛙玩游戏,于是这只青蛙就成为他们谈论的话题。

也许你没想到,她并不怎么去用心美容。美人如此漂亮竟然一直不用唇膏,还不抹胭脂,就算是指甲油也用得很少。有好几块黑斑落在她的脸上,它们却从来不会被脂粉遮遮掩掩,她出现在屏幕上的时候也几乎看不到她画的重妆。

她有个爱好比较特殊,在散步的时候喜欢穿着水手服,如果条件不具备,替代品就是短衣服。嘉宝的脚比很多女人大,但是与嘉宝5.6英尺的身高相比,应该还算协调。她的牙齿整齐又白净,她曾为多年没有去看过一次牙医而自豪。只要她微笑,就会露出一口漂亮的牙齿,那可是真的,但美得和象牙镶嵌的一样。

"苹果酱"是她学会的第一个英语词汇。当有人问她能用一个什么样的词语描绘好莱坞的时候,她极有可能回答"苹果酱"。

好莱坞巨星辛迪·克劳馥

12年前，在密苏里州的一所大学的某个角落里，晚上经常有个女孩因为孤单在悄悄哭泣。而现在，只要她出现在哪里人们就会成群结队潮水般地涌过去。她的面容和名字被世界上每个角落的人们牢记着。

这个女孩12年前还在斯蒂芬女子学校食堂做侍者维持生计，由于手头紧，她还要伸手向那位守门的阿姨借五十美分零用钱。虽然有请柬送到过她手里，但她从来不敢去到任何晚会场所，因为除了同学们赠送的旧衣服外，她实在没有什么像样的服饰了。可是现在，她漂亮的服饰引领时尚，世界各地的女人们发疯般竞相效仿，她经常在大庭广众的场合穿上服装商们为她量身制作的新式时装，而这样的服装轰动效应正是那些商人们所期望的。

这位曾经无限孤独、穷得买不起一件新衣服的女士名字叫露西尔·莱休，你从来没听说过吧？这是她的本名，另一个名字你就知道了，她就是众人皆知的好莱坞明星辛迪·克劳馥。

她对贫困有如此深刻的体会，也领略过沦落异乡孤苦伶仃的滋味，还深刻体会身无分文时挨饿的痛苦，贫困中坚持奋斗所要承受艰辛的道理她也明白。她在俄克拉荷马州的劳顿从小长大，她喜欢的都是男孩子们的玩弹子、剥猫皮等有趣游戏，无数童年时日就是如此度过了。小莱休还和小伙伴们用一些破破烂烂的箱子在马棚里搭起一个舞台，舞台上的水银灯用一盏马灯代替。一些马、鸽子以及燕子是她那时的观众，从那时起她已经在酝酿自己的惊人的事业。

她8岁时跟随母亲来到堪萨斯城定居。她被母亲带到堪萨斯城的修

173

道院里打零杂。从此，再没有男孩子和她一起玩游戏，当然，马棚里的演艺生涯也同时结束了。有14间屋子需要她每天整理，还要为25个孩子烧饭、刷盘子，同时还要帮这些孩子脱衣服，照看她们上床睡觉。她身着一件蓝底白花的粗布衣服，晚上躺在硬邦邦的铁床上睡入梦乡。

她想获得更多的知识，所以6年后就来到位于密苏里州的斯蒂芬女子学校就读，此时她几乎一无所有，身上穿着别人丢弃的旧衣服走进学校餐厅成为一名侍者，只想得到能够满足食宿的费用。

多年后，那些过去对她冷落并鄙视她的同学在人面前却这样说："哎，你知道辛迪·克劳馥吗？我对她很熟悉呢，我们过去是好朋友，我和她经常一道进教室。"她也成为斯蒂芬女子学校的骄傲，在学校餐厅的墙上挂着一张她的放大照片，下边写着这些字：辛迪·克劳馥曾在此工作过。

做一名舞女是她当时的愿望，有个露天剧团打算接收她为跳舞演员，条件是每周20美元的薪水，在向她征求意见时，她不假思索地答应了，好像自己来到了天堂的门口。可是两个星期后剧团就散伙了，她的薪水也只能打水漂，远在异乡的她又陷入了困境。

这样的挫折当然不能阻止她走向未来的舞台。她把路费凑齐后，又返回了堪萨斯城拼命地工作、攒钱。一段时间后，她决定坐火车去芝加哥，落地之后，她不敢把口袋里仅有的2美元随便花掉，饭都没舍得吃。后来在一家小酒馆找到了跳舞的差事，再后来又去纽约当歌女，她的表演被米高梅公司的一个星探偶然间看到了，那个家伙认为她容貌秀美，全身散发着青春活力，于是推荐她到电影公司碰碰运气。

"拍电影？不！"当时她的梦想中还没有电影的位置，她希望有一天可以走进百老汇，成为像俄国的巴夫洛娃那样的著名芭蕾舞演员。但是她反复思考后，下决心去试试拍电影，结果竟然歪打正着留在了好莱坞，每星期还能有75美元装进口袋。但是她的露西尔·莱休名字不被电影公司喜欢，其实这名字很有文法，可能用在一个电影演员身上不太合适，不容易让人们留下印象。于是，一家电影杂志特意刊登一个启事为她征名，在经过成千上万应征信筛选后，露西尔·莱休就变成了辛迪·克劳馥。

但她还只能做配角，离明星还很大差距。有时候，她充当临时演员，还曾为希勒当过替身。到了晚上她练习查尔斯顿舞，去参加舞蹈比赛还数次获得奖杯。当时的辛迪·克劳馥不是现在看到的模样，一头卷曲长发掩盖着这个胖女孩的羞涩。经过好莱坞一段时间打磨，她终于明白了一个道理——自己要想在好莱坞有更好的前途，就必须有所突破。就在那天晚上，她决定一切从头开始，彻底改变自己，夜里她再也不上街跳舞了。

从那以后，她每天学习法文、英文、唱歌，还开始练习减肥。她在那3年时间里严格控制饮食，有时候她一整天的饮食只是一杯酸牛奶。到了现在，她每天早上还是只喝些橘子汁加白开水，这就算是早餐。她的敬业精神随时可见，有一次为了拍好一部影片，她竟然学跳土风舞，结果踝关节不慎扭伤，为了不影响拍摄进度，她只是简单处理了一下，又接着继续演戏。

谈到自己今天的成就，辛迪·克劳馥自己都弄不明白是怎么回事儿。出身低微的她现在金钱无数，任何东西她都能买到，而且不管她身在何处，到处都有人山人海的崇拜者簇拥着。曾经，她并不美丽，现在，银幕上她光彩夺目。

奥斯卡最佳女主角凯瑟琳·赫本

13年前的一个夜晚，美国康涅狄格州，一个一头红发的小女孩满怀信心地踏上学校礼堂的讲台，她要背诵《布仑亨之战》。她的父母和5个兄妹就坐在台下的观众席上，用期待的目光看着她，这是一个很有意义的时刻。这时候却出现了出人意料的一幕。刚背出第一句话，小女孩就紧张得张嘴再也说不出话来，她急促地喘着气，喉咙哽塞，后来眼含泪水慌慌张张地跑下台。

那个小女孩就是13岁的凯瑟琳．赫本 。但是没人想到又过了13年后，那个人曾经害羞且胆怯的小女孩却摘取了奥斯卡最佳女演员的桂冠。1933年，她因成功扮演《牵牛花》中的女主角因而获得了美国电影界的最高奖。次年又因在《小妇人》中表演出色而再度摘冠。

她从布莱思·莫尔女子学校毕业后，好运就不断找上门来，接连有各种演出的机会等着她，两个星期后，百老汇的名剧《金色池塘》就让她担任女主角。这种幸运对凯瑟琳来说简直是喜从天降。但到了排练时，却因对某个表演动作看法相佐和舞台导演发生争执。她坚持自己的意见，但被更有权威的导演撤换下来。

不久她又被安排在《致命假日》中出演女主角，但那部名剧上演时，人们并没有发现她出现在百老汇，她再次遭到辞退。这个消息传来的时候，她正坐在化妆室里准备上台演出，给她的理由是她不适合角色。

没过多久，机会又找到她，她被安排在《动物王国》中与莱斯利·霍华德同台主演。她觉得这个难得的机会不能再失去了，于是研究剧本、体验生活花几个月时间，来领悟和体会她在剧中扮演的角色。但到了排演那一刻，她的老毛病又犯了，她固执己见，不听导演劝导，结果一样还是被炒鱿鱼。

也许有人认为她的行为太愚蠢，不过，还是听听她自己当时是怎么想的："如果依我的想法去表演，我有成功的把握。而如果让我盲目地听从别人的安排去表演，我肯定演不出特色，那么必定会失败。"后来的事实证明凯瑟琳的想法没错。

在她走上影坛之前，身为医生的父亲盖了间健身房，她非常喜欢在里面练习摔跤和玩秋千，经过不断锻炼的凯瑟琳表现出超出一般女孩子的身手，她能把体重180磅的男子拦腰抱起然后放倒在地，而她仅有110磅重的瘦小身材。她擅长花样滑冰和潜水。打高尔夫球是她拿手好戏，没走上银幕之前她希望从事职业高尔夫运动。这些训练给她还带来意想不到的好处，使她第一次在百老汇主演《勇士之夫》时信手拈来，后来在银幕上扮演活泼好动的亚马孙姑娘时，演得活灵活现。

她如此逼真的表演，引起好莱坞的注意，电影公司有意给她角色，找到她试拍了镜头后觉得还不错，随后发电报询问她的待遇条件。他们以为凯瑟琳的要求每周不能超过250美元，当他们看到凯瑟琳1500美元的周薪要求时，还以为电报弄错了，于是又发电报向凯瑟琳询问，电报是否没注意多加了个"0"。凯瑟琳直截了当回电："电报没错，是我错了，每周1500美元太少了。"

这次凯瑟琳小姐来到好莱坞接受著名导演乔治·丘克的指导，他觉得她的形象有问题，衣服实在不好看，建议她先去理发再换套服装。

"你说什么？"凯瑟琳小姐发怒了，"这衣服难看？这可是巴黎最有名的服装店为我量身订制的。"

"哦，我想我这么多年从来没见过如此不堪入目的服装，有档次的女士是拒绝在浴室外穿它的！"乔治·丘克反驳道。

凯瑟琳气得说不出话，但转脸又笑了。她在布莱思·莫尔女子学校读期间，有当一名心理学家的梦想，对自己的衣着打扮从不在意。她穿越大街时曾拖曳着绿色长裙，令人奇怪的是她穿的鞋上还带着大头钉，那鞋是人们登山时才穿的，此举让好莱坞震惊了好多天。她眼睛绿中透蓝，为了让满头红发颜色淡一些，在好莱坞拍戏时每天清晨要用药水把头发洗一遍。

有次她在学校跳舞，被一个年轻男子碰了一下，人家转过身道歉之际，她却双眼圆睁怒视。后来，在舞厅两人又相遇，她受男子邀请共进舞池，就这样他们跳到了花前月下。两个人六周后结婚，后来她又回到单身状态。对于此事凯瑟琳的解释得很简单："我们觉得这一切都非常正常。"

她坐4等舱7次去欧洲，这种习惯依然没有改变，即使在她收入相当可观之后。但做起生意来，她却从来不含糊。有次她按合同的约定完成了一部影片的拍摄，后来电影公司提出要重拍一幕戏。电影公司为这一天的额外工作为她多付出了1万美元的报酬。整个电影界没听说有谁像她这么做过。

歌舞剧之王齐格菲尔德

那个在百老汇称霸24年的歌舞团是由弗洛伦兹·齐格菲尔德创办的。歌舞团服装之艳丽、道具之完备、表演之优美，能让人们从中得到无与伦比的精神享受。世界上没有任何一家歌舞团赚钱比它多，也没有它赔的钱多。

世界上任何一个人手里的美女电话号码也没有齐格菲尔德多，他随身携带的"蓝本"里面存着成千上万美女的姓名、住址及电话号码，每天他都会用挑剔的眼光看着数十名如花似玉的女孩翩翩起舞。

他很受用被人们称为美国女性塑造专家这个头衔，他觉得这是他极大的荣誉。经过他的改造，一个很普通的姑娘会在舞台上散发出特有的迷人魅力。齐格菲尔德的舞台可以给一个外表漂亮的女孩表演的机会，但如果想得到观众的认可，则一定要经齐格菲尔德的调教。

齐格菲尔德的奢侈和豪华可以与东方的君王比肩。他不惜把数额巨大的金钱花费在演员的服装上。为了买到满意的精美衣料，他几乎走遍了欧亚大陆的市场。他会选用上等的丝绸做服装的里子，因为他觉得没有一个女人对自己的美丽无比自信，让她们有足够的自信需要他赋予她们美丽的衣服。

为了找到一顶合适的帽子满足剧中牧童的需要，他竟然推迟歌剧《水上舞台》演出达3个月之久。有一次，一部歌剧只上演了一次就退出了剧场，但却花去了他25万美元，原因是他认为齐格菲尔德歌舞团来演这部歌剧有损身份，歌舞团的形象会因为上演这样的歌剧而被玷污。

他做任何事情都很奢侈。每天有很多人和他打交道，他的电话、电报乃至传真就像暴风雨中的窗户一直响个不停。他从来都不愿意写信，不管到哪里去，他都要随身带上电报纸。在十分短暂的旅途中他常常会耗费掉一整本电报纸。最难以想象的是，在排演时他竟然无视舞台上的脚灯，在乐团的座位给台上的演员拍电报。他喜欢发电报给那些近在咫尺的人，有一次他把头伸出窗外，高声朝对面窗户的人叫喊："嘿，你怎么没反应，我给你发了一份电报。"

对于他来说，路过某座电话亭却没有给很多人打电话是十分稀缺的。为了给他的下属打电话，平日他都在6点左右起床。有时候他也许为了节省十几美元而思考挺长时间，但到了第二天，他却毫不迟疑地把十多万美元的巨款抛进华尔街的股市。有一次他带一位朋友去美洲大陆另一端游玩，他驾驶的那辆汽车却是用跟这位朋友借的5000美元租来的。

每一个和他交往过的女人都会被他的豪爽和体贴所打动。歌舞团的每一位歌女都会在当天演出的晚上收到他送来的鲜花，能享受同等待遇的也包括那些老态龙钟的女雇员。在他开创演艺事业时歌舞团普通女孩的月收入只有100多美元，但美女们的市价在他铺张浪费的风气影响下竟会超过每月500美元。他付给那些有名的演员的周薪为5000美元，她们挣的钱在年底的时候总是多于他的存款。

齐格菲尔德从14岁起开始踏上演艺道路。他离开家，来到布法罗的比尔狂野西方剧团学习骑术以及射击表演。25岁时他赚到一些钱，并当上19世纪美国马戏团大力士桑德的经纪人。两年后他在伦敦破产，成了一无所有的穷人。在赌城蒙特卡洛他输掉了所有的钱，但他并没有就此罢休，轮盘再一次被他转动，可依旧赌输了，后来他甚至输掉了衬衣。

似乎这位伟大的经纪人永远不必为贫穷犯难。他略加筹备又成立了一个歌舞团，随后带着一位欧洲最当红的女歌星回到美国，这位女歌星就是安娜·赫尔德，也就是大名鼎鼎、魅力非凡的梅·韦斯特。安娜·赫尔德曾多次收到美国那些大权在握的剧院经理们许诺她巨额演出费的邀请，弗洛伦兹·齐格菲尔德却最终得手，这时他才27岁。当时作为无名无钱无地位的他，凭借无比的自信走进安娜·赫尔德的化妆室，并且凭借杰出的口才说服对方与他订立了合同。从此他青云直上，名声鹊起。

安娜·赫尔德到了美国以后引起人们的极大关注，一股安娜·赫尔德潮流风靡了整个美国。她的名号被打在帽子、香水、女胸衣、化妆品、马匹等商品上大行其道，为她举起的庆祝香槟从美国西海岸一直红到了东海岸。齐格菲尔德只用不到一年的时间就和她走进了婚姻的殿堂。

多年之后他们还是分手了，因为他爱上了比利·伯克。在遇见她的那一天，他把整个花店里的花都买下了送给她，在得到了康乃馨、橘子树、豌豆花、淡紫的兰花之后，她原本想打电话向他致谢，后来当她告诉他因电话线路忙而无法打通时，他随即装了一部专门用来和她通话的电话———一部金电话。

齐格菲尔德讨厌对事务做出选择，这样做时他总是很犹豫。一位朋友看到他的桌子上有一盒甘草糖，就问他是否真正喜爱品味甘草糖，他说："我喜欢吃都是黑色的甘草糖，因为选择它们我不用费脑筋。"

世界上最红的滑稽演员被他聘用到歌舞团中，但这个演员从来未逗笑过他。要想让他露出笑脸，连埃德·温、埃迪·坎托、威尔·罗杰斯这样的笑星都无能为力，由此演员们给他起了个"冰"的外号。

他的歌舞团在长达24年的时间里，保证了每次演出都震惊全纽约。演出时，汽车总是塞满街道，后台堆满了丝质礼帽以及貂皮女大衣。前排的戏票被那些投机倒把的商人炒到了高达每张300美元。女人们在更衣室忙得不可开交，那些胆怯的丑角们躲进更衣室背诵台词，舞女们经常慌慌张张寻找自己的衣服。在一片吵闹声中，只有齐格菲尔德一个人镇定自如。纽约上流社会人士全都身着燕尾服系好白领结前来参加聚会，但齐格菲尔德本人却仍旧穿着普通的灰衣服。他对坐在座位上看演出不感兴趣，通常站在通往包厢的过道里观看演出。

歌舞剧之王齐格菲尔德的艺术生涯随着1929年美国股票市场的大乱而宣告结束。从此之后，这位"魔术师"动辄耗资上百万美元买道具表演的时代宣告结束，他甚至无力承担房租了。他的演员和下属们凑钱完成了他领导的最后一次的演出。

　　齐格菲尔德于1932年在加利福尼亚州去世。他在死前还幻想着导演一场歌舞剧表演：舞台是医院的白墙，乐队是台旧收音机，担任舞台助手的是一位腿脚不便的老仆人。嘴唇干枯的他两眼发红，但还是坚持指挥他的无形演员们。他竭尽全力地喊着："快点儿！幕布！加强音乐！布好灯光！准备最后的，最后的完美结束！"在快断气时，他气若游丝地说："太伟大了！这场表演真是好极了……好……极了。"

歌唱家卡鲁索

　　1921年，年仅48岁的恩瑞科·卡鲁索去世，全世界不同地方的人们都为有史以来最美的嗓音从此消失而深感惋惜。

　　卡鲁索在世时，整个世界为之喝彩的声音不绝于耳。他因过度的劳累和风寒的感染导致病情逐渐加重。当死神无情地靠近时，他勇敢与之抗争半年，在此期间，全世界他所有歌迷都在乞求死神不要对他这么绝情。

　　卡鲁索嗓音之所以那么动人不完全来自天赋，更多来自他多年的练习。他刚学习唱歌时，嗓音缺乏厚度，有个音乐教师因此对他说："你不太适合干这行，你没有达到基本的歌唱条件，你发出的尖涩的声音很像风吹过破窗户。"在之后的几年里，他无法发出高音，只好作罢。他的一次演出中，台下曾响起喧哗的喝倒彩声。一想到当年所受的委屈，成名后的他就会忍不住落泪。

　　母亲离开了人世时他年仅15岁。他对母亲充满无限的爱，以至无论走到哪里，他都会随身携带母亲的照片。他母亲怀过21个孩子，其中18个出生不久就夭折了，有幸存活下来的只有3个。作为一名农妇，她不仅用辛勤地劳作默默承受着生活的艰难，并且为了培养这个很有天赋的儿子她付出了她所能付出的巨大的代价。卡鲁索经常说："我母亲为了省钱让我专心唱歌，都舍不得穿鞋。"说这话时，他心情十分沉重，以致喉咙一直在哽咽。

　　他的父亲在卡鲁索10岁那年让他辍学到一家工厂当学徒。他只能在每天晚上下班后争分夺秒地学习音乐，可是为了获得登台演唱的机会他一直等到21岁。

在工厂的那段时间，为了节省一顿晚饭，他常常到一家咖啡店去找唱歌机会。他甚至受雇来到窗前对着房中的女子唱夜曲，月光下那位女子的追求者大胆地无声假唱，而卡鲁索温柔醉人的歌声从暗处飘出来。后来，他争取到一个在歌剧院中唱歌的工作，他紧张得手足无措，不知道怎样面对人生中的第一次正式公开表演。在排演时，他的声音尖锐难听。他很用心地多次试唱，但每一次都像在呼救般，近似歇斯底里。他为自己的状态难过，眼中噙满泪水，悲痛地离开了剧院。

有一次他喝醉后登台，可想而知其后果有多么糟糕。在舞台上他的歌声被听众的喝倒彩声淹没了。那天晚上，一位男高音演员因病缺席，剧院急忙四下寻找人代替，剧院一位工作人员在一家酒馆里碰到已经醉得歪歪斜斜的卡鲁索，带着他一路狂奔赶回剧院。化妆室里污浊的空气和酒精的作用令他眼冒金星，甚至无法站立。在这种情况下他还是坚持出场了，有那样的结局也是很自然的。

第二天他就被解雇了，他伤心得竟然想要自杀。一天未进食的他用口袋里仅有一个里拉买了瓶酒。就在他端着酒杯正在思考采用哪种方式自杀时，剧院的一个信差气喘吁吁地推开门了冲进来。

信差大声喊道："卡鲁索！快来！卡鲁索，人们讨厌那个唱高音的。他们把他赶下台了，他们嚷着要你登台！"

"要我出场！别开玩笑了，要我出场？他们连我的名字都不清楚。"卡鲁索醉醺醺地说。

信差却回答："你的名字他们当然不知道，但他们就是在喊你，他们说，让昨天那个醉汉出来表演。"

卡鲁索逝世的时候，已经是家财万贯了，光是唱片发行就让他有了超过200万美元的收入。由于小时候他过够了苦日子，因此虽然拥有了百万家产，他仍然舍不得浪费一分钱。他把他的消费记在一个小账本上，从买一块不起眼的旧花边，到购买一件象牙雕刻工艺品，甚至包括给信差10美分的小费，他都要一笔一笔地记在他的小本子上。

第五篇

艺术巨匠

他对意大利乡间的所有禁忌都很在意，死之前他还担心"魔鬼的眼睛"会发现自己。每次他总是要先从星相家那里拿到一路平安的准确信息后才肯乘船横渡大西洋，否则不会轻易踏上征程。他绝不轻易在梯子下方走过，也不敢在星期五换上一身新衣服。什么理由都不能让他在星期四和星期五外出。他还有洁癖，一回到家里就要换上干净的衣服，从内衣到鞋子。

他有一副世间少有的美妙歌喉，却常常在化妆室里独自抽烟。有人问他吸烟是否会损害他的嗓子，他听后只是一笑了之。他吃饭狼吞虎咽，速度极快。每次登台演唱前他先要来一点威士忌，再用苏打水润润嗓子。虽然因为家境窘迫不得不辍学，但他并没有因此感到不快，因为他对读书索然无味。他曾告诉妻子："我能从生活中得到想要的东西，不需要上学。"他不愿意在读书上花费时间，却肯为收藏邮票和古币花费许多精力。他擅长画漫画，曾为意大利一家周刊每周画一张漫画。

一种严重的头痛病困扰折磨他很长一段时间，甚至有时候搞得他歇斯底里。他那过人的活力随着时间的推移也慢慢耗光了。他喜欢空闲时独自在书房里冥思。这时他已经毫不在乎人们对他的评价了，闲暇时他经常陷于一种深沉的忧郁中，这时他就翻出剪报把它们夹在本子里以做纪念。

他的故乡是意大利的那不勒斯，当他在这里上演他的处女秀时，当地的报纸和听众们不冷不热的反响令他伤感万分，从此他再也没有原谅这里的人。虽然成名后，他经常回到那不勒斯，但他再也不愿意在这个城市演出，哪怕是一场。

他经常说，抱着小女儿格罗丽亚可能是他一生中最幸福的事儿。他满心期待着她学会走路，然后蹒跚着穿过走廊推开他的书房门。有一天，那件事情真的发生了。当时，他正在书房抚摸钢琴，他的小女儿向他扑来，他热泪盈眶，上前一把抱起小女儿，激动地对妻子说："我一直说要等着这一刻来临，你还有印象吗？"

过了一个星期，他就与所有的苦难和欢乐告别了，离开了这个他眷恋的人世。

喜剧明星劳埃德

在和哈罗德·劳埃德初次见面时我产生一种异样的感觉，银幕上的那个人让我完全无法与眼前的他联系起来，而有这种同感的人好像还有许多。劳埃德有一次和一位戴眼镜的朋友一起赴宴，由于那位朋友走下银幕就不再戴眼镜，几乎每个宴会上的人都把他错认为那位戴眼镜的朋友，虽然他们俩并没有相像的长相。那个朋友费尽口舌地指着他不断地解释："我不是劳埃德，这位才是。"但是大家都以为劳埃德又在开新的玩笑，因此没有把那个朋友的解释当回事。

在人们的印象中劳埃德似乎不善言辞，一直埋头苦干地工作，但事实却与之相反。在我和他交谈过的几个小时当中，他一直在面带笑容地说话。你认为他在假装开朗吗？与此相反，我倒觉得他的这份开朗发自内心。

他信仰科学，对迷信嗤之以鼻，认为迷信只能在愚昧无知的旧时代产生影响。但同时他又承认自己也有所忌讳。举个例说，他不愿意从洛杉矶某个隧道通过是因为害怕灾祸会落在自己头上。他到某个公司办事时一定要从同一个门进去和出来。而且，在他身上总能发现一些带有"吉祥"寓意的钱币。

他对画风景画产生兴趣是近两年来的事。一些老朋友们还能经常看到他展示纸牌魔术技巧。他也很喜欢养犬，以前他家里不时地传出几十条大丹尼斯犬的叫声。他把他12岁时经历的一件事情讲给我听，正是这件在那时候看来很不起眼的小事改变了他的一生。

劳埃德小时候在奥马哈城的一所小学读书。有一天在放学回家路上的一个街拐角处，他看见一位占卜师面前摆放着很多彩画，小劳埃德对这位占卜师声称他能通过星相预测一个人以后的人生很感兴趣。这时，其他孩子看到一辆消防车突然从街上飞快驶过便马上凑热闹跟着跑过去，但小劳埃德却没有离开。一般的孩子是不会这样做的。

小劳埃德的这个情形被人群中的一位大人注意到了，这个人是奥马哈城著名演员约翰·康纳。他走上前和小劳埃德聊天，并说想在附近找可以住宿的地方。小劳埃德把与这个大人物相识当作成一件大喜事，他热情地把约翰·康纳邀请到自己家里住宿，他这样做其实是为了有一天能够了却当演员的梦想。

他小时候就十分热爱戏剧，他把一个简陋的舞台搭在自己家的地窖里，并向其他的孩子兜售2美分一张的门票观看自己的演出。现在，他有机会结识一位著名的演员，他能不感到兴奋吗？况且还能邀请对方在自己家里留宿一天，还能在同一张餐桌上进餐。

和约翰·康纳结交后，劳埃德有机会在约翰所在的剧团成为一名临时儿童演员，对于约翰·康纳的真诚帮助，劳埃德自然没有忘记，他成为著名演员后邀请对方管理自己在好莱坞和影迷们交流的信件。

劳埃德的父亲是售卖缝纫机的商人，妈妈是一位裁缝。保险公司因他父亲有一天出了车祸而付给他们3500美元赔偿金。在收到这一笔巨额资金后他们做出了搬离这个地方的决定。但是，在搬到哪里去的问题上家里人的意见不一致，有人建议搬到西边的加州，有人说应该搬到东边的纽约，最后还是由劳埃德的父亲拍板："还是让硬币来为我们做决定吧，如果上面是龙就去加州，不是就去纽约。"

最后掷出来了"龙"，于是他们来到了西边的圣选戈城。在当地的一家剧院里劳埃德谋到了一个小的职位，后来又作为临时演员进入一家电影公司。他的第一个镜头是以一个印第安人的身份把一份食物交给一桌白人享用。当时他因为穷困只能居住在破帐篷里，口袋中只剩下一枚硬币，在这种窘迫的情形之下，他做出要在电影界找到属于自己固定位置的决定。当时，他自己，也包括其他人都没有想过后来他会成为有那么高收入的电影明星。

为了能谋到一个表演的角色，他天天跑电影公司，但每次都被门卫拒之门外。后来他认识到门卫这道关卡对自己发展表演事业的重要性，决定想办法通过这道关卡。他发现演员们每天中午都要离开公司去饭店用餐，当他们回到公司走进大门时门卫并不太在意走进去的那些人。第二天午饭过后，劳埃德装模作样混在演员中间若无其事地走进了公司大门。

在随后的一段时间里，他为了逃避门卫的纠缠，每天都不得不从化妆室的通风孔中钻进去。他经常和演员们打交道，但却无法获得表演机会，不过，他给演员们留下了很不错的印象。在这群演员中，有一个叫哈尔·罗奇的演员常常能获得表演小角色的机会，有一天他和劳埃德说他想用姨妈去世留给他的一笔钱拍摄一部属于自己喜剧片，希望劳埃德参加他的演出。

劳埃德自然很爽快地答应了，由此他在这部短片中尝试着扮演角色。开始时他穿着破旧衣裤模仿卓别林。后来，他脑海中形成一个绝妙的点子，正是这个点子让他赚了一大笔钱。他是在一个很偶然的机会下想出这个主意的。有一天他非常疲倦地走进一家剧院，看见舞台上有个演员扮演一个传教士，头顶一顶草帽、鼻子上戴着一副牛角框架的眼镜，可能这位演员并没有刻意引起观众发笑，但这身装扮却让观众觉得十分滑稽，由此他们大笑不止，并热烈地喝彩。

劳埃德看见之后觉得那个演员的装扮很有意思，于是马上购买了一副牛角框架的眼镜，决定以后自己就按这个角色的装扮来表演。这样的扮演随后给他带来了巨大成功。

20岁以前，劳埃德这位鼎鼎大名的喜剧明星逗人发笑的喜剧天赋没有被发掘出米。导演在他首次出演喜剧片时说他没有喜剧天赋，而且一辈子也不可能在幽默剧方面取得成就，劝他转行干别的事儿。

不管别人说什么，劳埃德都没有放弃梦想。如今，在世界最富有的演员行列里已经有了劳埃德的位置，并且还高居榜首，不夸张地说，他已经成为最富有的演员了。

歌唱家舒曼海因克

欧内斯廷·舒曼海因克夫人的故事是歌剧史上最扣人心弦的，她凭着坚忍不拔的毅力，忍受着穷困潦倒的生活，最终获得了至高无上的荣誉。

生活中的各种辛酸苦辣伴随着她整个的奋斗过程。曾经彻底绝望的她险些选择自杀。她结束悲剧式的婚姻后，离她而去的丈夫把许多债务留给她。依照德国当时的法律规定，她作为妻子有义务偿还丈夫的欠债，她所有的家具被当地法院没收了，只剩下一把椅子和一张床。当她谋求到一个并不稳当的歌唱职业后，她的多数收入又被法院拿去抵债。

第三个孩子出生6小时前她仍然在工作，为了赚钱，虽然已经感到临盆的痛苦，她还是继续工作。冬天，她的孩子们不但要忍受挨饿，还因没钱取暖，冻得瑟瑟发抖。

残酷的现实生活把她逼上了绝路，无奈之下她打算和孩子们采用自杀的手段结束这难以忍受的痛苦，但最后她还是放弃了自杀的想法，决心与命运进行抗争以改变糟糕的命运。她最终能成为世界上最杰出的歌唱家是自己不懈奋斗的结果，不论是高音还是低音他唱起来都毫不费力，她最擅长的是演绎瓦格纳歌剧。

我在她去世前的几个月受邀去芝加哥见她，我和她一起吃了她亲手做的晚餐。她说："我非常高兴你说我是一位成功的唱歌家，但如果你吃完饭后说，舒曼海因克，这是我一辈子当中吃过的最美的一顿晚餐，那么，你就会成为我一生中最好的朋友。"

她告诉我说热爱自己的听众是她之所以能成为一位歌唱家的秘诀，

如何去爱观众是上帝教给她的。每天她都要阅读《圣经》，每天早晨和夜晚她都会跪下来祈祷。

她说自己经历的磨难给她的歌唱带来的好处是让她更能理解和同情别人的不幸。也许那种神秘特质的嗓音就来自于她不幸的经历，成千上万听众的心才能被她的歌声打动。如果你听过她的深情演唱，就能体会到那种震撼心灵的爱。

因为我了解她十分疼爱自己的孩子，当我问她为什么曾会想到要和孩子们一起走上绝路时，她把下面的故事讲给我听："我们那时困苦不堪，而我又没有能力改变状况，我不想让我的孩子们再经受如我一样的艰辛。我想活在这个世界上与其受难还不如一死了之，于是，我就想和我的孩子们卧轨自杀。我做好了准备，打听到火车经过的时间。孩子们一边哭一边慢慢跟着我，在几乎能听到了火车鸣笛的声音时，我将孩子们抱成一团趴下身来。就在飞驰的车轮将要带走我和孩子们的生命的紧急关头，我的小女儿突然间站起身来，在我的面前满眼泪水地说：'妈妈，我爱你！我们回家吧！这个地方好冷。'女儿的话像闪电一般让我马上清醒过来。我拉着孩子们跑回冰冷的家中忍不住放声大哭，我跪在地上不住地祈祷。"

在这之前，舒曼海因克夫人所尝试的每一件事都没有成功，她的婚姻和事业也是失败的。然而，在她从铁轨上死里逃生几年之后，柏林的皇家剧院、伦敦大剧院、纽约的帝都剧院等世界知名大剧院都纷纷向她发出演唱邀请。在经历了无数的挫折之后，她的成功犹如一道耀眼的光芒，转眼之间照亮了这个星球。

舒曼海因克的爸爸是奥地利一名地方小官，依靠少得可怜的薪水养活一大家子人，因此舒曼海因克的幼年是在饥饿和贫穷中度过的。那时能吃到黑面包就已经让她非常满足了，黄油是她想也不敢想的奢侈品。她的母亲把浮在汤表层的油收集起来代替黄油抹在粗面包上。上学时的午餐就是粗黑面包加咖啡，晚餐是粗黑面包和汤，除此之外再没有别的东西可吃了。附近城郊的一个小动物园里常常出现她的身影，她在那里打扫猴舍，以此来换取一点夹肉面包。

一切的贫困和苦难都没能使她放弃歌唱梦想，数年的坚持终于为她换来一次在维也纳著名的皇家歌剧团指挥面前试唱的机会。那位指挥家在听完这位未来的伟大歌唱家的试唱后当面给予否定，说她表情呆滞，缺乏特点，甚至嘲笑道："哈哈！你也想成为歌唱家？那是不可能的！我看你还是老老实实当个裁缝，趁早回家去摆弄缝纫机吧。"

当她第二次来到维也纳的皇家歌剧院演唱时，她已经是著名的大歌唱家了，她那动人的歌声令全场观众震惊不已，之前那位指挥家上前对她表示祝贺。他注视着她说："您看上去很面熟，我不知道以前是否有幸在什么地方见过您？"舒曼海因克夫人告诉我："哈！他忘记了我们曾经见过面。我接着提醒他，第一次见面时，他曾经让我回家当裁缝摆弄架缝纫机呢。"

魔术大师瑟斯顿

50多年前一个寒冷的夜晚，一大群观众涌出了芝加哥麦克维科大剧院，他们的脸上洋溢着快乐，刚才大魔术师亚历山大·赫尔曼的精彩表演让他们兴奋得笑逐颜开。

一个叫卖《芝加哥论坛报》的小报童顶着寒风哆嗦着向刚从剧院出来的人们招揽生意。但是，人们的冷淡让他感到很失望。他身着单衣，无家可归。观众们离开后，他蜷缩在剧院旁一个地下室通风口上，身上搭着报纸，并尽量争取地下室里的炉火散发出的微微暖意。

卧在冰冷地上的小报童心里突然产生一个大胆想法，他以后也要当一名大魔术师。这天夜里他的脑海中一直在播映这样的画面：激动的人们为他欢呼喝彩，而他则穿着貂皮大衣，面带微笑从容地对着台下的观众发表演说；剧院门口无数美女翘首期盼，盼望一睹他的风采。他暗自许下一个愿望，如果今晚的想法成为现实，无论如何也要到这家剧院来表演。

这个在寒冷的漫漫长夜里幻想未来的孩子名叫霍华德·瑟斯顿，他那天夜里的梦想20年后真的变成了现实。精彩演出结束后，他专程跑到当年露宿的地方，并找到自己在饥寒交迫、无家可归的那个夜晚在剧院墙壁上刻下的自己的名字。

1936年4月13日，霍华德·瑟斯顿离世，那时候他已荣获世界魔术之王桂冠。40年来他到世界各地巡回演出，在各地大剧院一次次大显身手，令人叫绝，他总能成功地把奇妙的魔术世界展现在观众眼前。在他的表演生涯中，前来欣赏他惊人绝技的观众共有6000多万人，演出总共为他带来200多万美元的收入。

我在他去世前不久,在剧院看了整整一个晚上的演出。后来,在更衣室里他兴致勃勃谈起自己的传奇经历。这位魔术大师讲起他过去的生活和他在舞台上的表演一样精彩。

童年的时候,有一次父亲因为他赶马赶得太快用鞭子狠狠地抽他,一气之下他离家出走5年,在这期间和父母一直没有任何联系。他四处流浪、逃票、乞讨、偷盗,彻头彻尾地成为一个小流氓。父母还以为他已经不在人世了,连他自己也觉得能活下来简直就是奇迹。他经常在麦地、草堆和废弃的房子露宿,曾经多次被捕,被人咒骂、追逐、殴打,还曾被人从车上扔下去。他的拿手好戏是行骗和赌博。17岁时他独自一人闯荡纽约,不但身无分文而且身边没有任何亲人。

有一天遇到的一件非同寻常的事让他的人生开始转向:他偶然间走进正在做礼拜的教堂,当他聆听了传道士"上帝就在你身边"的宣讲后,心灵仿佛受到了感染和净化,满脸泪水的他走上祭坛,为自己的堕落忏悔。从此,崇拜、敬畏上帝就在他的心中打上了烙印。半个月以后他走在唐人街上传播福音,这时他已经不是以前那个无赖了。

他在传道之前从未体会过这种真正快乐的感觉,这让他产生了成为一个牧师的想法,于是18岁的他来到马萨诸塞州的穆迪圣经学校开始读书。旅途中,他看到疾驰而过的车窗外面铁路沿线的商标牌,便向身边的人请教那些字念什么。他进入穆迪圣经学校后,白天学希腊文和生物,晚上学算术和别的科目。在此之前,他只有不到6个月的学校教育经历。

他的理想是成为一名牧师,从而可以消除从前的罪过,并且可以济世救人,因此他想花费一段时间去宾夕法尼亚大学进修,就在这时发生了改变他后来人生的一件意外事情。

在前往费城中途换车时,他在奥尔巴尼城的一家剧院观看了一场亚历山大·赫尔曼神奇的魔术表演。对魔术极其崇拜的瑟斯顿希望能向大魔术家赫尔曼请教。当天晚上他找到赫尔曼住宿的旅馆,并在赫尔曼的隔壁住下来。他把耳朵贴在赫尔曼的门上听屋里动静，又在走廊不停走动，每次都想敲门，可是到了门口又胆怯地退回来。

第二天一大早，瑟斯顿不知不觉地跟在大魔术师的后面来到了车站，他满怀崇拜地看着自己的偶像。他发现大魔术师买了去锡拉丘兹的车票，本应该去纽约的瑟斯顿毫不犹豫地也买了一张去锡拉丘兹的车票。这一临时的决定改变了他一生的命运，一名牧师转变成一名魔术师。

成名后的瑟斯顿一次魔术表演就可以有1000美元的收入。不过，他还是觉得一生中最快乐的时光是最开始耍纸牌挣1美元的日子。最辉煌时，印有"北美第一魔术师瑟斯顿"字样的旗帜上到处飘扬。

就魔术技巧而言，瑟斯顿说自己并不比别人高明多少，这是不是他谦虚抑或担心别人学会他所掌握的魔术技巧的伎俩呢？不然他凭什么超过那么多魔术师呢？他有两条成功的秘诀：

第一，他善于将自己的个性融入表演中。他是魔术大师，同时更是一名表演大师，他了解观众们观看表演时的心态。他认为成功表演魔术的关键恰恰是魔术技巧之外的核心因素。他在台上做的所有事情，不管是变化声调或者挑动眉毛以及眨眼睛都要精心设计，而且他还要保证准确无误地完成这些动作的每一个细节。

第二，他能在表演中把内心的真爱展现给观众。每次登台演出之前，他在后台会用力跳跃，让自己达到最佳的精神状态迅速兴奋起来，同时心里一直在说："我的职业是伟大的，我爱观众，他们快乐，我也快乐！"他非常清楚，如果自己不能快乐地表演，观众怎么能感受到快乐呢？

幽默明星罗吉尔

你知道谁是美国年收入最高的人吗？在说答案之前，我必须先清楚说明一点，不要回答是工商业的老板，也不要想那些做买卖和搞交易赚钱的人，我说的是那种自食其力，不依赖别人的帮助，全来自自己特殊才能换取收入的人。当然这样的人多如牛毛，查理·卓别林？他有自己的电影公司，不算；那么葛莱特·嘉宾呢？也不是！阿莫斯·安迪，或者普迪·万里吧？

猜得都不对。我要说的这个人不是人们认为的绅士，他没在学校读过书，甚至不能说标准的英语，他有老古董一样的做派，身上有无数的缺点，比如总是迟到，嘴嚼口香糖，凡此总总，在人面前总是一副不修边幅的邋遢样子，他就是罗伊·罗吉尔。

看看他的生财之道吧。每年他参与三部电影的演出，可获得37.5万美元的报酬；报纸上每天都会登载他的一篇小文章，这会为他换来400美元的报酬；参加公众集会时讲幽默故事换来3000美元酬金；电台担任播音员的报酬是每分钟333美元。

美国总统大选时他呱呱坠地，50多年后不幸罹难于一次飞机失事。你把他当成了美国人吧？不，他没在美国境内出生，他是在印度一间简陋的小屋来到人世的，但他又不是纯正的印度人，他的父母身上有少许印度血统。

罗吉尔最初来纽约的情形很有意思。他出发的地点是奥克拉荷马，他驾驶的那辆笨重的老式货车上塞满了体态肥壮的牛，货车在路上摇摇摆摆，途中累了他就和牛一起睡。他穿着放牛的鞋子和脏兮兮的破衣服第一次去百老汇时，周围的人向他投来嘲笑的目光。有个孩子特别淘气，抓起他的破帽子像扔飞盘那样扔了出去。

数年之后当他再次出现在百老汇时，却不是先前那个罗吉尔了。他乘坐的豪华飞机落在纽约大街上，行人纷纷投来羡慕的眼光。有的人争抢着与他合影，嘴里说着许多恭维话，他就像天使从天堂来到人间。

生活阅历丰富的罗吉尔，为了开阔眼界丰富阅历和见识，年轻的时候游历了世界很多地方。他曾在南美洲给人家放牛，报酬是每月4美元。波埃尔战争爆发后，他乘一艘运牛的远洋轮船来到了南非，他为英国骑兵队喂马，从中感到些乐趣。战争结束后骑兵队解散了，他只好和整天无所事事的士兵们混在一起。

罗吉尔的表演天赋无意间被一个四处表演的马戏班唤醒了，马戏班交给他一个表演杂耍的角色。四处巡回演出的马戏班有一天把他带回到了美国。似乎好运也随之而来，一个星探发现了他与众不同的幽默天分后又把送进了美国电影界，他的表演逐渐获得观众的认可，作为一颗新星他在美国电影界灿烂星空中冉冉升起。

罗吉尔的婚姻如同他的事业一样美满，他的妻子碧蒂·布兰克来自阿柯塞斯。初次见面的时候，这位漂亮而善良的女孩正在街边喝柠檬汁，当他骑着刚买的自行车经过她面前时向她投去欣赏的目光。仿佛他们前世有缘，他看她第一眼后就认定眼前这个姑娘就是自己未来的伴侣。

为了引起她的注意，他故意到她身旁卖弄他那似乎炉火纯青的车技。然而正当他洋洋得意表演时，却炫耀失败摔倒在地，美丽的布兰克小姐急忙跑过来将他扶起，并细致地为他包扎。两人由相识到相知，终于在一个隆重的日子手牵手步入婚姻殿堂。布兰克小姐成为罗吉尔夫人后，专心操持家务，为罗吉尔生育了3个孩子。

罗吉尔的人生充满了传奇色彩，趣闻轶事无数。他出入于很多高级社交场所，经常与一些叱咤一方的大人物握手寒暄，比如国王或总统。

令人难以相信，他从未为自己做过一件礼服，只有在进剧院看演出的时候，才会根据别人的要求简单打扮一下。虽然他的财富滚滚而来，可是一直过着俭朴生活，口袋里一辈子都只有5美元。他向来不热衷奢侈品，到死都没有买过汽车。

滑稽魔术大师菲尔兹

菲尔兹长着一个大红鼻头。对大部分美国人来说，菲尔兹是耳熟能详的人物。他不仅是好莱坞的当红明星，更是人们喜爱的魔术师。然而，就在两三年前，他在接受导演们的"面试"时还常常紧张得如履薄冰。成名之前，为了获得上台表演的机会他曾经不止一次地向制片商发出请求，即使是要求不高，但对方却总是这样回复："不行！不行！"

当完成电影《余生》的拍摄后，菲尔兹获得了5万美元的片酬，这是他10天拍摄的回报，每天5000美元的收入25倍于当时美国总统的工资。在人们的印象中，好莱坞最伟大的幽默巨星非他莫属。

这位世界上最成功的魔术师对人们的津津乐道和羡慕早已习以为常。不过之前，睡在水沟里对他来说也是常有之事。他一生当中曾有4年没在床上睡觉。他露宿街头，睡在公园长凳上、在集装箱上打盹，你可能还看见过他裹着一块破油布随意睡在某个地下通道中。直到今天他还坚持说，能在干净的床上踏实入睡是最幸福的人生。

这个神奇的魔术巨匠14岁时开始在库房和铁匠铺里玩魔术。起初就是玩些骗取苹果和网球的绝活儿。但是他对这套本事却很认真，有时一天16个小时一直都在练习，甚至在得病体力不支的时候也不放弃。

菲尔兹是这样想的，身边随手摸到的东西都应该成为一个真正的魔术师的魔术道具，他真的做到了，鸡蛋、木板、帽子或者竹竿、锅、盘子、饼干甚至香烟、砖头、烛台……诸如此类的东西，他都可以用魔术手段将它们玩得令人瞠目结舌。他的绝活可以随时随地表演。南非战争爆发时，他的表演受到约翰内斯堡当地人的热烈欢迎。西班牙与美国的战争结束后，马德里的爱国人士曾对他的表演强烈非议。他的足迹遍及印度、埃及、法国、德国以及英格兰和奥地利，他这样做的目的是让世界各地的人们明白：只要方法得当，掌握魔术不是难事。

很多人都以为菲尔兹是英国人，其实，他出生在宾夕法尼亚州，是个彻头彻尾的美国人。11岁时他和父亲产生矛盾，被迫离家流浪各地。他一直把这件事当成一场误会，每当有人提及这件事时，他都会泪眼婆娑，如鲠在喉。这事儿是由一把铁锹引起的，菲尔兹不知什么时候把它随手扔在地板上的，父亲进来不小心踩到了它，不料它翘起来打伤了父亲的胫骨。父亲十分生气，就把菲尔兹打了一顿。小菲尔兹感到很委屈，于是他决定报复父亲。他爬到椅子上，把不知从哪儿弄来的箱子架在微微敞开的门板上方。他的父亲推门进来，箱子准确地砸在头上。

他还没来得及庆幸诡计得逞，就预感到极大的恐慌。他以最快的速度拔腿狂跑，结果再也不好意思回家。当他再次与老父亲重逢时，那个淘气的小菲尔兹已经是享誉全国的世界级魔术家了。

他11岁离家出走，很长一段时间内他如同一条无家可归的野狗，四处游荡。他为了填饱肚子他当过乞丐做过小偷，方法五花八门，手段林林总总。他喝了很多富人家门口的成瓶牛奶。直到现在，他看到那些看门的狗腿还不停地颤抖。

如果你和菲尔兹相处过，你会把他当作狄更斯笔下的某个人物。他曾经在一段时间内做过"职业落水者"：他看准时机故意跳进水中，然后大声呼喊救命，还装腔作势地在水中故意拼命挣扎。这样，循声赶来的人们就会好奇地站在岸边看热闹。他的同伴们会在他竭尽全力吆喝的时候赶过来把他拉上岸，然后向那些围观者兜售腊肠、冰激凌之类的小食品。有时生意不好，每天他要四五次"落水"。

恐怕他自己也记不清被警察逮捕的次数了。据他自己说，从一副纸牌里取出一张A的频率也没有当时他进感化院的频率高。他在冰车上打工时每天凌晨4点必须起床。虽然了经历了那么多辛苦，但是他一直没有放弃酷爱的魔术，他玩魔术游戏使用的道具常常是那些小冰块或喂马吃的玉米穗之类的东西。两年的刻苦练习，让他在得知招聘魔术师的信息后随即应聘成功，获得每周5美元的薪资，其中的1.5美元要给那位贪得无厌的经理。每个晚上他在化妆室里休息，买5美分一片的面包充饥。

在好莱坞菲尔兹拥有一幢带私人化妆室的豪华宅邸，像一串串葡萄似的在天花板上悬挂着的帽子就有50多顶。各大影剧院门外等候的人们排起长队，只为观看他集40年功夫练就的滑稽魔术。现在，他终于得以在夜幕降临时，躺在干净舒适的床上入睡了。

他现在这样说："每个早晨我在舒适的床上醒来，常常无法控制笑起来。我会在床上伸个懒腰，深呼吸一口然后大声感叹：生活真是太美妙了！"

讽刺画家罗伯·利波里

地球上收到信件最多的人不是克拉克·盖博、梅蕙丝或者普迪·温利，当然他们都很有名望，不过，他们收到的信件数量确实不如每年收到多达100万封的罗伯·利波里，最多一年他竟然收到300万封信，如果仔细计算一下，每天他要接到8000封信，这些信件来自五湖四海。就在你和我讨论的这会儿，也许又有20多封信进入了他的邮箱里。

很多了解他的人都说他是世界上最大的"说谎家"，然而面对人们的这种评价，他非但没有表现出一点愠怒，还说这是很令他感到骄傲的荣誉。遇到信封上面写着"致世界上头号说谎者"的时候，当地的邮局二话不说立刻将信转给他，而他这时候通常会很高兴。

罗伯·利波里没有惊人的外貌，但是他的一些举动常常令人惊讶。虽然我们之间很熟，但他还是经常做出一些让我惊讶不已的事情来。有一次他在我面前拿出两封信，令人震惊的是一封信写在人皮上，而另一封难以置信地写在一根头发上。见我满脸狐疑，他取出一个放大镜得意扬扬地塞给我，透过放大镜我确认真是一封信，与写在纸上的信毫无区别！我不禁大为惊叹，世界真是无奇不有。这时他又把一粒米放在我手里，并告诉我说，这是薛尔文尼亚省阿达拉的读者寄来的一封信。我不明白怎么回事，不过借助显微镜，我惊奇地发现这粒米上的单词竟高达705个，有2864个字母，随你相信与否！他还告诉了我一些能吓掉人下巴的事，比如滑铁卢战役其实不是发生在滑铁卢，"水牛"比尔也从来没有捕杀过水牛；更让人意想不到的是，他说要在今晚午夜某个时分前来暗杀我。他清楚，只要有人把这个消息在短时间内告诉其他人，然后这样持续地互相转告，那么不用到下一个天亮，整个世界就会传遍这件事情。

我觉得，罗伯·利波里画的那些讽刺画与他本人相似得有些让人难以捉摸。他的木匠父亲在利波里年轻的时候曾劝诫他说，如果你想成为艺术家，肯定将来要挨饿，说不定哪天会饿死。儿子能做一个瓦匠或铅锡匠是这位憨厚木匠所希望的，起码能让他可以不愁吃穿地过上稳定生活。不过他父亲无论如何也想不到，这个从来没有受过绘画训练的儿子，后来竟以杰出讽刺画家的身份享誉世界各地。

举止让人不可理喻的罗伯·利波里可以说是一代怪杰，他曾经走遍全世界，只是为了拜访一些伟人的坟墓。不过令人感到奇怪的是，格兰特将军墓离他家只有3英里远，他却从未瞻仰过。6年里他只到过自己在纽约的事务处3次，尽管他经常从那里路过。据说他讨厌处理公务，所有公务都雇人帮他处理，自己一个人躲起来安静地画画。

在他的画室里你可以看到横七竖八地铺满整个房间的各种书刊杂志、画稿以及古玩、花卉，还有散落的碎纸和失去生命的花瓣。在这样凌乱的房间待一天也会让人感到不舒服，然而利波里却有自己的想法："干脆就这样，已经难以收拾这个糟糕的房间了，为整理房间花费精力大可不必。"他在生活上的确是够随意的，他成天身着一条衫裤在画室里画画，却从不感到疲倦。

参加体育运动是利波里除绘画外的另一项爱好。做一个职业棒球运动员是他儿时的理想，他青年时曾经是一支著名棒球队的成员。不过倒霉的是他在一次比赛中手臂受伤了，因此只能远离这种剧烈的运动而另谋出路。他多年后还以体育为题材写过两本书，一本是关于手球的，另一本是有关拳术的。

为了寻找一个讽刺画的好主题，1918年圣诞节前夜他将自己关起来冥思苦想。然而两个小时过去了，他除了浑身发冷，没找到任何感觉。既沮丧又劳累的他正当准备放弃思考时，大脑中一个念头像闪电一样出现了。他的崭新创意来自前不久体育界发生的几件奇闻逸事。他的构思很快在他的笔下显现，他经过再三思考为这批作品起了十分有趣的名字："信不信由你"。

就是这些作品为他带来意想不到的好运。幸运之神在那个阴冷的下午来到他身边，并一直庇佑他到达成功的彼岸。10年里"信不信由你"系列每周都要增添两幅讽刺画。有一次对他我说："我曾经努力工作了10年，不过真正的成功只用不足10分钟就得到了！"利波里并非故意卖弄，他在1928年9月的某一天花10分钟画的那幅讽刺画，发表后的确起到了轰动的效果，他10年来所有的努力都不如这10分钟画作在读者中产生的影响广泛。

在这里我讲讲这幅令人惊异的画作内容，利波里在画里宣称：林白不过是第67个飞越大西洋的人。他的这幅画作发表后，惊讶的人们纷纷把矛头指向利波里，认为他在胡说八道，又在玩弄他那套骗人把戏。然而利波里对人们的指责丝毫不在乎，并详细地加以解释：勃朗和阿尔科克两人驾机飞越大西洋早在林白之前，而成功飞越大西洋的还有英国的R-3d型飞机和德国的ZR-3型飞机。那架英国飞机载31人，而那架德国飞机载了33人，把所有这些飞越过大西洋的人加在一起，林白不就刚好是第67位吗？怎么能说我是"无稽之谈"，有问题的其实是你们这些人！

也不是所有人都攻击他的作品，报业巨子维康·鲁道夫就很喜欢这幅画，他把利波里的讽刺画特意登载在他的报纸上，支付给利波里的报酬远远超过别的插图。

可能有人会问，他每天到哪里找那么多有意思的题材来完成创作呢？利波里最不缺的就是故事，我们大可不必替他担心，在他那个脑袋里似乎有无数千奇百怪的想法和几辈子都用不完的素材，何况还有人在不断地给他写信，从世界各个角落随时寄来一些新鲜故事，这又能让他能制造出无数的惊奇。不止百万的人在为他搜集资料，所以，利波里用不着慌张。

在这个地球上毫无疑问利波里的脑子里装的古怪故事最多，你可能会因此认为他通晓一切，错了，告诉你实话吧，他连自己画室的电话号码都不知道！信不信由你。

作曲家乔治·杰斯文

　　我曾经专门拜访过杰出的作曲家乔治·杰斯文，就他是如何踏上成功之路的这个问题向他咨询。他简单地告诉我，成功源于内心的追求，有了追求之后还要为实现梦想努力奋斗，直到最终达到追求的目标。在他所具备的非常多的优秀品质中，最让我称道的是他功成名就之后依然勤奋好学，他每星期专门抽出3个小时给自己充电。对音乐家来说，这种好学不倦的精神难能可贵。

　　杰斯文的第一部作品只是以5美元的价格卖出的，后来他为好莱坞电影公司进行创作，9年后一支新曲为他换回5万美元报酬，相比之前，简直不可同日而语。

　　杰斯文首次登台表演简直糟糕得无法形容，当时作为纽约第十四街福克斯城戏院的乐师，他竟然在开始正式表演时紧张过度而无法正常发挥，台下的听众不断对他发出嘲笑声，他的同伴也取笑他。他在一片嘘声中无地自容地逃命般冲出了戏院。只要提起这件事，直到今天他还觉得那是自己一生中最大的耻辱。

　　杰斯文小时候的愿望是长大后当一个画家，可是，偶然发生的一件事情却把他带上了音乐道路。首先要感谢杰斯文的母亲，是她让儿子最终能够成为著名音乐家的。有一次，杰斯文的舅妈来他家时带来了自己的新钢琴。他的母亲很不满意舅妈的炫耀色，认为是在侮辱自己和自己的家人，于是她克服家庭经济困难，为杰斯文买了一架二手钢琴，她这样做其实是为了在舅妈面前挽回颜面，但是杰斯文却与这架钢琴和音乐结下了不解之缘。这架钢琴让杰斯文的音乐才华得以渐渐展现，就是通过这架钢琴他谱写出无数动人心弦的歌曲。他的音乐成就甚至影响了整个美国的音乐发展。

使杰斯文一举成名的是那曲旋律优美的《天鹅》。这支曲子的成功让人颇感意外，甚至连杰斯文本人也没想到。这支曲子是他在1918年谱写的，在百老汇第一次公演时，可以说听众们反应平平，但是，著名歌唱艺术家阿尔·约翰逊在演出之后却对《天鹅》给了很高的评价，他认为，在音乐方面杰斯文已经达到很高水准，完全可以用天才来形容。

9个月之后，阿尔·约翰逊参加了一个很大规模的集会，有人提议让他为大家唱支歌曲活跃现场气氛。约翰逊没有推脱，站起身演唱了杰斯文的《天鹅》。这首歌曲出人意料地得到听众们的一致叫好，被人们赞为优美绝伦，所有人的热情被阿尔·约翰逊用这支歌曲点燃了，他那短短的5分钟演唱同时也为杰斯文送来了好运。

《天鹅》这首歌曲在之后的一个月内快速红遍剧院、酒店、影院、舞厅、娱乐场……到处都可以听见它优美的旋律，几乎任何人都可以哼唱几句。奇迹来得如此迅速，简直难以置信，杰斯文既兴奋又困惑，他不明白人们为什么对《天鹅》如此青睐。为买下这首曲子，出版商找到立刻找到杰斯文，杰斯文获得了6万美元的报酬。要知道当时杰斯文每星期的收入是25美元，因此6万美元对他来说就是个天文数字。接到这笔钱的时候，他甚至怀疑这是不是一场梦。

几乎一夜成名的杰斯文绝不是靠运气成功的。在《天鹅》红起来之前，他写出很多优美的曲子，他成为剧场中不可或缺的人物靠的就是这些作品。那些衣着华贵的情侣们在他谱写的乐曲陪伴下，成双成对地翩翩起舞于梦幻般的世界。不过你可能不知道，这位写过很多舞曲的作曲家却从不让自己的双脚踏入舞池。

不嗜烟酒的杰斯文喜欢在晚上写作，总是很晚才上床休息。长时间的工作让他备感疲劳，并由此患上严重的神经衰弱症。为了改善身体状况，方便锻炼他把健身房建在自家院子里。此外，每周还要去找神经科专家调理。

　　《忧郁者之歌》是杰斯文在1924年林肯诞辰纪念日为世人献上的杰出作品，这首曲子在音乐界影响深远，以至于林肯纪念日也是音乐界的特殊日子。

　　你或许会以为创作《忧郁者之歌》一定花费了大量时间吧？不是的，创作这首曲子可以说是一次奇迹。原来，保罗·惠特曼要求杰斯文为自己的专场音乐会创作一首爵士乐曲，杰斯文当即应诺下来，可是杰斯文因为处理其他事情把这件事忘掉了。几天后，他在报纸上看到一条杰斯文应邀谱写一首爵士乐曲的消息，当时他有些糊涂了，想来想去，终于想起了自己对惠特曼的承诺。他对自己说，我一定按照他的需要去做，而且要写出具有独特风格的曲子，让人们领略爵士乐的魅力。想到这里，灵感如雷鸣电闪般涌现出来，他立马提笔疾书，用极短的时间创作完成音乐界瑰宝《忧郁者之歌》。

　　惠特曼音乐会在人们的期待中如期举行，潮水般的观众涌入会场。当《忧郁者之歌》响起时，整个会场上空回响着动人的旋律，听众们被它深深地感染了，一曲终了，激动的人们流下了眼泪，热烈的掌声和喝彩声久久不散，音乐会被推向高潮。

　　杰斯文的《忧郁者之歌》书写了美国音乐界的新篇章，他本人也因此声名远扬，一夜之间轰动了整个世界。

女作曲家邦德夫人

数十年前的一个寒冷夜晚，密歇根州北部的丛林地带出现了这样一个场面：跨出家门不远的弗兰克·邦德医生摔倒在地，不一会儿就停止了呼吸。邦德医生非常仁慈，这个远离现代社会的丛林地带自从出现他的身影之后，穷苦病人仿佛看到了救星，从此面对疾病再也不会胆战心惊，因为有邦德这个保护神在佑护着他们。

这里偏僻闭塞，异常荒凉，在邦德先生到来之前，人们根本没听说有过医生，也不知道医生是干什么的。这里的人从来没想到原来病是可以治好的，原先人们一旦受到疾病威胁，只能求神灵保佑，如果人死去他们也会认为命该如此。从来没有医生来过这个条件恶劣的地方。

在那个寒冷冬天的夜晚，有位病人家属来到邦德医生家里请他去看病人。他急忙穿上大衣，亲吻了妻子的脸颊后，又说了几句临行前该说的话，便急匆匆走出家门。谁能想到，他这几句无关紧要的话竟然成为他最后的遗言。5分钟后他便摔倒在冰冷的地面上。原来，有个淘气的孩子冷不防向邦德医生投掷了一个雪球，没料到那个小雪球竟然让医生从此再也无法爬起来。

邦德医生仅仅给她留下4000美元的保险赔偿，此外还有襁褓中的孩子以及数额巨大的债务，以上就是这位好心医生的全部遗产。卡丽杰考白·邦德原本就体质虚弱，这样沉痛的打击令她无法承受。然而更加残酷的现实使她必须从悲痛中清醒过来，家庭的重担落在她瘦弱的肩上。管理家务和抚养孩子都是她的责任。她的不幸遭遇得到很多人的同情，他们还主动伸手援助，可是她却都谢绝了。她断绝了与亲友的联系，带着孩子来到了芝加哥，她要依靠自己的力量担当起所有责任。

她开始经营些小本生意，但是都失败了。经过了屡战屡败的教训后她彻底放弃了经商养家的念头，她又开始尝试着写歌，一首接一首，可是写出来的作品却得不到认可。但她毫不气馁继续付诸辛苦和努力，一首《一日终了》的歌曲15年后终于让她迎来一鸣惊人的喜悦。这首曲子瞬间卖出600万拷贝，她一次性获得25万美元报酬。可是要知道，为了这一天，她整整奋斗了15年，个中辛酸说来令人落泪。

她刚开始创作的曲子，5美元一首都没人要。没有经济来源的生活更让她贫困交加，连房租都交不起。寒冬腊月日子更加难熬，她无力买柴生火，只能整天缩在床上受冻。大多数日子里，她一天只有一顿饭，这也算不了什么，最让她难以忍受的是那些债主四处找她要债，他们丝毫不讲情面，见什么拿什么，一把椅子也不放过。即使如此这般艰辛，还是有许多动人的歌曲从她的手中诞生了，名曲《我真的爱你》就是这种条件下写出的。

没有什么能阻止她创作，因为没钱她用包装纸代替稿纸，买不起灯油，她就在朦胧的烛光下写作。为了把自己的作品推销出去，还想到了在音乐杂志上登广告，为了达到目的，她居然想出了给该杂志主编缝纫衣服代付广告费的办法。

她第一次带着自己的歌曲去参加演出，那天晚上挣了5美元，在她红火起来后的一次受邀演出中，她演唱12分钟就获取了100美元的报酬。之前她为了赚钱和宣传自己，凡是有演出都会去参加，其中甘苦无人知晓。有一次她在游艺会上刚唱几句歌词，台下的观众就反感乱叫，还夹带着粗野的谩骂声。

她难堪至极，狼狈得没顾得上穿戴帽子和大衣，一个人跑到街头伤心哭泣。但是再大的打击也不会让她绝望了，反而更能激发她发奋努力。历经十几年的风风雨雨，她终于打造出激动人心的作品，她的勤奋与坚韧换来了人们的认可和赞叹。

《一日终了》是一首传世名曲，可它是怎么创作的呢？它诞生于作者的一次春游。在那个风和日丽的日子，南部加州的田野迎来了邦德夫人及她的几位朋友，一片大自然的美景展现眼前，争芳斗艳的常春藤、玫瑰花散发出的阵阵幽香令邦德夫人陶醉。

在山顶上当她面对黄昏落日的霞光，那种难以言说的诗情画意让她感慨万千。望着橙红色的夕阳渐渐投向大海顷刻间隐没在太平洋奇幻的波涛中，浮想联翩的邦德夫人不禁脱口而出："多么美好的一天再见了！"她被自己的情绪所感染，胸中灵感涌动，激动的情感立刻变成优美的诗句。她到家后稍加润饰，《一日终了》问世了。

写作这首动人的新曲如此轻松又愉悦，但却极具浑然天成美妙之韵味。一经发表，赞美无数，很快成为人们竞相咏唱的传世佳作。它的销量之大、受追捧程度之高，音乐界极为罕见。这首曲子也让邦德夫人声名鹊起，获得的殊荣前所未有。不论是老罗斯福还是哈定，总统们不止一次邀请邦德夫人献艺白宫，在国宾们热烈的掌声中她深情演唱《一日终了》。

"灰姑娘"海伦·吉普森

你愿意听灰姑娘的传说吗？那么，现在要讲的就是一个实实在在的灰姑娘故事。"胖妞"是人们曾经送给她的称号，这个小女孩穷得上不起音乐课，然而长大后却摇身一变，竟然走进纽约大都会歌剧团并走红，成为万众瞩目的明星歌唱家。

1930年，这个女孩串走在各个电台，曾经参加多次试唱，却没有人表示希望接收她。但仅仅过了4年，她就被美国广播界的编辑们评选为当年最优秀播音员。我在做哥伦比亚广播公司播音员期间，有一次被听众席前排就座的一位美人所迷倒：她的一头金发风姿靓丽、一双棕色的眼睛仿佛会说话、魔鬼般的身姿蛊惑人心。后来，我终于找到与她见面的机会，原来她就是大名鼎鼎的海伦·吉普森，与乐团中的笛子演奏家乔治·鲍威尔结婚。

我问乔治和海伦他们俩是不是一见钟情，乔治点头说："是的。"但海伦不赞同乔治，她说："对，不过一见钟情的是我，而不是他。在他没注意到我之前，我早已私下里看上他了！甚至我会在他住所附近来回走动，希望在他出门时能遇见他。有一次，我终于在门口发现了他的身影，但因为太紧张，我赶忙跑掉了。当时他正忙于音乐团的演奏，那是我第一次遇见他，我20岁出头还没有名气，而他正是事业辉煌时期，才32岁，人还年轻。可我爱他爱得神魂颠倒，为了看到他，我常常在他家附近故意等待机会。"

我问海伦·吉普森，她做出的什么事情最令人惊讶，她回答说："噢，那应该是我结婚生宝宝这件事吧。"

　　我问她给自己的宝贝孩子起了什么名字，她却回答说："她快3岁了。"

　　我又说："对，可是我要问她的名字是什么呢？"

　　她依旧回答说："她快3岁了。"

　　"是的，是这样，可是你没告诉我她的名字是什么呢？"

　　她的回答变了："等我过生日的时候，我就会吃很多冰激凌再加甜饼干。"

　　她平日里就是这样调皮，喜欢和你开玩笑。我问她生活中是否有什么禁忌，她立刻摇头说："啊，不，跑进大都会歌剧团的更衣室吹口哨最让我高兴了，不过你也很清楚，这不是一个歌唱家应该做的。"

　　当她的小宝贝出生后，她请护士把一串念珠挂在孩子的脖子上，孩子的名字被刻在珠子上面。她后来把念珠改成手串，只要她登台演出就会把它戴上或者握在手里，不然她就不能开口演唱。我问海伦，这样做是否算迷信，她回答说："不，不是的。那应该算是我的护身符！"

　　如果海伦·吉普森演唱《把我带回弗吉尼亚》这首曲子时不是站在阿克伦城俱乐部的舞台上，那么她现在有可能还在柜台前卖女人胸衣呢，不会成为音乐界的风云人物。

　　事情从头说起：当一名歌唱家是她从小就有的梦想。她有一个当演员的姑妈在歌剧院，常常把自己不再穿的衣服送给海伦。蹦蹦跳跳的小海伦常常穿着这些衣服，和身边的孩子们一起"演出"。上了中学后，她参加了学校歌唱团。走出校门后到阿克朗城百货商店出售女人胸衣。这工作虽然没什么乐趣，但挣钱较多，这样，她去克利夫兰城学习音乐就有时间了。她逢礼拜日就去参加教堂的唱诗班，偶尔也会身着土著服装在各种集会和交际场合的舞台展示才艺。

　　一次，有位女商人被她在集会上高唱《把我带回弗吉尼亚》的歌声吸引住了，那位女商人正要招聘一位女售货员来为商店出售唱片，于是女商人和她一拍即合，这也成了她人生的一个转折点。

　　在这家音乐商店，吉普森的工作就是整天不停地翻唱唱片上的那些曲子，这令她很是满足，因为她可以从中学到吉莉芝、宝丽、罗莎和蓬茜里等人的演唱风格。终于，考验她的机会来了。全美闻名的科地斯音乐会中途将举行了一场歌唱比赛，参加这场比赛的优胜者将会获得音乐学会的资助。

得到消息后她犹豫了，去还是不去呢？如果去，买到费城的火车票就几乎要花光她所有的积蓄，而且参加比赛的女孩有200名，要想得到那份奖学金难上加难。如果参赛失利，那么她的回程车费就只能靠在费城再临时找一份出售女人胸衣的工作来解决了。但是假如成功了呢，那么她就会从此跨入音乐殿堂的大门。于是，她决定拼一次，让费城来决定自己的命运。

在200名参赛的竞争者当中，有的女孩歌声甜美、动人，嗓音并不比她差，可是，她身上所体现出的素质是别人不具备的，因为她懂得如何包装自己，她的表达能力比她们更胜一筹。一个小小的细节让她在评分时得以成功：她袜子上的一块结实补丁让一位评委注意到了，这位评委对耐心补袜子的女孩好感倍增。于是，海伦·吉普森成为该奖项的获得者。

在城郊她和另一位姑娘合伙租了一间位于五层楼的房子，天寒地冻的时候，为了取暖她俩抱在一起，再把点燃的一支蜡烛想象成火炉。有时，她们除了喝一碗汤就再也不吃任何食物。即便条件如此恶劣，却阻挡不了她们引吭高歌，她们的理想不在这间小屋子里，这时她们幻想着自己是在巴黎豪华的剧院演出。这样的生活虽苦，但她们过得充实又愉快。

海伦最让我敬佩的是，现在虽然身为超级明星，但是，成功、荣誉和金钱并没有让她腐化，依然保持着十多年前那个在家里扫地、做菜的小姑娘的质朴品质。

第六篇

探险英雄

新大陆发现者哥伦布

人类探险载入史册的里程碑事件之一是发现美洲新大陆，因为这一丰功伟绩探险家哥伦布被人们尊奉为英雄。为了纪念这一事件，全世界都会在每年10月12日这天举行一系列的活动。其实这一纪念日期有些问题，原来10月23日才是哥伦布来到美洲的真实日期，两者有11天的差距。

哥伦布年轻时曾做过海盗，不过，他这样做在当时并非不可饶恕，当地许多家庭为了让孩子到外面长见识也为获得收入，都愿意让孩子去做海盗。他们认为海盗是一个很不错的职业，只要不被官方抓住就成，如果不幸被官方捉去，也只能算自己不走运。

哥伦布在无意间读到毕达哥拉斯的学说，因此知道地球是圆形的，这个观念从此长时间印在他的心里。后来经过不断地学习和思考，他大胆地提出自己的设想，因为地球是圆形的，如果乘船一直向西航行，就可以用较短的时间内到达印度。

他的这个想法引来无数嘲讽和谩骂声，一些学院派教授认为他是痴人说梦，毕达哥拉斯的学说可笑至极，这些人把地球看成是方的而不是圆形的。他们警告哥伦布说，如果他向西一直航行，最后就会到达可怕的地球边缘，他们必将尸骨无存地和所有船只一起坠入深渊。

哥伦布尽管始终坚持自己的观点，却没有金钱用行动来证实自己的想法。他为得到别人的资助而四处游说，但17年过后，他仍然不能实现自己的愿望。多年奔波的辛苦使他的锐气渐渐消失，他满头的红发因数无穷的烦恼和忧愁而变得花白。他感到彻底绝望了，不满50岁的他萌生出进修道院的念头，他想抛却尘世了却此生。

不过，就在他情绪极其低落之时，毫无征兆地出现了转机。罗马教皇向西班牙女王伊莎贝拉介绍了哥伦布的设想，并希望女王帮助哥伦布实现探险的愿望。女皇对此产生浓厚的兴趣，同意召见哥伦布。

为了让哥伦布去王宫拜见女王，罗马教皇资助他65个银币作为路费。但哥伦布担心自己穿得过于寒酸，用一部分钱为自己更换了一身行头，又买了一头驴子用于赶路。上路不久手里的钱就所剩无几了，赶路时无奈只能沿途乞讨。女王伊莎贝拉在王宫热情款待历尽千辛万苦前来的哥伦布，伊莎贝拉对他的构想给予了赞赏，答应帮助他完成这一构思宏大的探险，马上为他准备船只和必需品。

在接下来招募水手的过程中，麻烦又找到哥伦布头上。当水手们明白他的意图后都表示拒绝，没有人愿意提着脑袋去跟他冒险。无奈之下，哥伦布只好盲目地去海边找帮手，他先是采用重金利诱手段为船队找人，不见效后又苦苦相劝，最后只好威逼恫吓强迫那些人加入，结果还是凑不足人手。女王伊莎贝拉再次帮助了他，批准他在监狱里挑选一些死刑犯，并答应这些人加入船队回来后就能重获自由。

1492年8月3日清晨，在哥伦布的指挥率领下，3艘大帆船载着88名水手及他们的探险梦想离开海港，浩浩荡荡地向着未知的远方进发。这是一次人类史上具有里程碑意义的航行，一路上他们乘风破浪，历尽千辛万苦，最后终于成功抵目的，登上美洲大陆的土地。

成功地登陆证明了哥伦布的设想。但是，短暂的兴奋过后，新的烦恼接踵而来。在建设殖民地过程中，他手下的许多人在与印第安人的冲突中死去。殖民当局陷害他横征暴敛、飞扬跋扈。于是，他被人们用一条铁链捆上，押回西班牙接受惩罚。

哥伦布回到西班牙后，很快重获自由，然而这种自由对他来说已无任何意义。虽然他完成了伟大壮举，但仍然是一无所有，还遭到人们的嘲笑。在最后几年的生命当中，陪伴哥伦布的是忧郁和失望。

孤独无助的哥伦布60岁那年在一间破旧的小屋里地离开人世，那条粗大的铁链仍然挂在他住的房间墙壁上，这也许是对他所遭受磨难的一种纪念吧。这条冰冷的铁链在诉说着人间世道的黑暗和不公！这位伟大的勇士就这样孤苦伶仃地走了，虽然他完成了人类历史上一项史诗般的壮举，然而他还是一生穷困潦倒、结局悲凉。

海上总指挥兼印度总督是哥伦布生前被任命的官衔，然而这不过是没有任何实际意义的空头支票，直到他生命的最后时刻，他也没有因此而得到生活实惠，甚至连口头上的荣誉也没得到。更让人为他愤愤不平的是，新大陆的名称用的是地图绘制者阿美利加的名字，他这位发现者的姓名却无人提及。这还能说些什么呢？伤心和屈辱与他的伟大功绩画上了等号。

除此之外一无所有，还有让人抱憾的一件事情：一直到死，哥伦布根本不知道自己发现了新大陆，他以为自己的登陆地是印度，他还以为自己仅仅是开辟了一条新航线。住在大陆上的红皮肤土著被他称为"印度人"，要知道那是一个截然不同的新大陆！

哥伦布去世后巨大的荣誉和无数赞美之词如潮水般涌来，与他生前的贫困潦倒形成巨大反差，整个世界都将他视为"发现美洲大陆的第一人"。不过，仔细核对历史事实，实际上他是第三个到达美洲的人。有一位法名慧深的中国和尚在他之前10个世纪登陆美洲，那之后的500年，名为李夫埃·列森的挪威人又踏上过那片土地。考古学家和历史学家经过考察宣称，李夫埃·列森曾在哈佛大学周围的查理士河岸居住过。然而这丝毫不影响哥伦布的伟大形象，我们永远缅怀他那种勇于开拓、不屈不挠的伟大品质。

"北极熊" 史蒂文森

　　我认识的一位探险家曾在北极圈生活了11年，这期间他的生命只靠肉和水作为食物维持了6年时间。他是体态高大英俊的挪威人，祖辈勇猛无畏的精神被他这位中世纪海盗的子孙很好地延续下来。他是第一个敢于在粮食和燃料短缺的情况下，冒着生命的危险挺进北极圈探险的人，他叫史蒂文森。

　　许多人都认定他宣布到北极圈探险是一种疯狂的行为。他们向他说出各种各样的困难，并还警告他说，如果真的试图那么去做，他必定会饿死在半路上！连他自己也不清楚结果是否会像人们说的那样。但是，作为一名向来作风严谨的科学家，他只相信最终的结果必须来自实践，没经过实践的任何结论都不是可信的。所以他冲破众人的劝阻，率领两位同样勇气十足、全副武装的助手奔赴北极。

　　史蒂文森在我们的交谈时说，他们居住在北冰洋漂动的浮冰上，大海里漂浮着奇形怪状的冰块，有的小如足球，有的却像海岛一样广阔；薄的只有一两英寸，厚的却足有100多英尺。在13英里深的北冰洋内四处漂流这些冰块。他们在刚开始的数十天里食用随身带的食物，但后来所携带的食物用尽了，填肚子就只能依靠猎杀海豹和北极熊。渴的时候，他们就喝用冰融化的水，用鲸鱼的脂肪当作烧水取暖的燃料。

　　他有一个最令人震惊探险故事：在海水中他们坐着浮冰用了接近百天的时间漂泊了700多英里，他们在漂流中不但没有遭受饥饿的折磨，反而身体比原来还增加了好几磅。他说，如果只吃瘦肉或许倒霉的真的是他们，但是最好的食物却是来自北极的海豹和北极熊，不管是随口生吃还是烤着吃，都有十分鲜美的味道。他们身体从没出过问题，吃得很开心。

　　史蒂文森对纸烟有特殊的爱好。他有一天烟瘾发作急得团团转，因为随身带的纸烟全都被他吸完了，无奈之下居然咬起装烟的布袋，还将布袋的里子翻转过来，搜寻布缝里烟叶留下的残渣。这成了他在探险中的一件趣事儿。

他们每天的食谱很是丰富，除了上面提到的海豹和北极熊外，还有野鸭、野鹅、鹧鸪、鹦鸟之类的各种野餐美味，他认为鹦鸟最为可口。当然他们也有饿慌了的时候，牛皮皮鞋成为史蒂文森实在无奈之时的食物。不过生牛皮做的菜肴他最喜欢，他说，那美味几乎与猪蹄等同！

在这件事之后史蒂文森有了一个结论：食物匮乏的时候，在极地的严寒地带皮制品更优于毛织品，煮熟的牛皮可以被当作食物足够提供一顿正餐。现在要请你注意了，请你不要在收拾家务时，把找出的旧皮鞋当废物丢掉，因为说不定在某个时候，它也可能被你用来当作食用呢！

史蒂文森回到纽约之后，在向人们说起探险历程时，声称他们在长达6年多时间里只靠肉和水保持生存状态，对此人们当然报以怀疑并予以指责，他们还被有些人称为骗子。因为根据科学的卫生常识和人的生存原理，在那样的情况下人是无法存活的。

史蒂文森为了证明自己所言为实，决定和一位助手一起把过去的经历重新演绎一遍。他们决定，在整整一年之内除了肉类和水之外将不食用任何别的食物，同时日常的工作还不能受到影响。所有人都开始注意他们这个计划，主动提供赞助和监督的是比利维医院。医生们在试验进程中，对史蒂文森和助手频繁地进行检查，每周都会认真分析他们的血液，并记录、检测他们的血压状况和肺活量。

在试验开始后，最先出现身体麻烦的是史蒂文森的助手，他的血压一度高升，也掉了不少头发，伤寒病又侵袭了他。正当人们认为这个试验将要落空准备嘲讽他们时，难以置信这位助手的身体却转好了，他的血压不仅在三个月之后恢复到正常水平，而且头发也不再脱落了，伤寒病也消失得了无踪迹。像史蒂文森所宣称的那样，他们的试验最后宣告成功。

还有一项出人意料的收获在这次试验中被发现：他们的在试验期间的饮食方式能够使人们摆脱龋齿病的困扰。我听史蒂文森说，有史以来因纽特人就不患龋齿病，因为肉类是他们的绝大部分食物。不过后来龋齿病之所以渐渐得以流传，是因为他们受到文明社会的食谱影响。

冒险大王坎贝尔

　　说到艾迪·李肯巴克，我总会立刻联想到马尔科姆·坎贝尔爵士，在一次宴会上，因为坐在他们中间正好是我。这两个比较沉默寡言的人都非常热衷于风驰电掣般的速度。我知道，为了挣钱，李肯巴克才参加这种危险的飞车比赛的。但是，十分有钱的坎贝尔参加比赛的动机究竟是什么呢？他对钱丝毫不会在乎，这点我知道。

　　那么，是为荣誉吗？他自己不以为然，他说自己不过是寻找乐趣而已！于是，我转身朝向李肯巴克，他对在比赛中以仅次于彗星速度飞驰的坎贝尔怎么评价？有过上千次次比赛经验的老将李肯巴克轻描淡写地耸耸肩膀，回答得慢条斯理："我从来没看到过他比赛，而且我也没有欲望看。我想，像他这样疯狂最大的可能就是被撞死！"

　　在这个星球的表面，过去没有一个人能像坎贝尔爵士那样以每小时300英里的速度那么疯狂地飞驰。每分钟5英里！照这个速度，从美国东海岸的纽约到达西海岸的旧金山只需要10个小时！过去完成每小时200英里飞奔的只有4个人：西格雷夫、基奇、洛克哈特和拜布尔，而这些人全都在厄运中死去，坎贝尔是这些飞奔硕果中的仅存者。

　　坎贝尔是一个宿命论者，这简直令人难以置信。他做事向来都游刃有余，每当结束比赛后，离开赛车时就像普通人离开公司回到自己家中那样轻松。

　　坎贝尔16岁那年和父亲说，自己想成为一名专业赛车运动员，父亲恼怒之下打了他一记耳光，让并且为他在伦敦最著名的罗德保险公司找了一份秘书职业。

　　坎贝尔爵士回忆说，他从未在工作了两年的那家公司获得过1美分的收入。公司在他干满第3年时才答应付给他一点薪水。时至今日，这家世界知名大企业的一大笔股份却归他所有。他19岁时就设计出向英国报纸提供诽谤保险的创意。

　　英国对诽谤行为的惩罚要比美国严厉得多。很快，英国的许多家报纸都接受了坎贝尔的公司提供的诽谤保险。已经很富有的他21岁参加正式比赛时，所用自行车、摩托车和汽车都是自己购买的，共耗费了5万英镑，可折合成当时的25万美元，为的是完成自己打破赛车速度纪录的夙愿。

　　他最热衷的就是到世界各地旅游寻找可以开飞车的地方。丹麦、南非、撒哈拉沙漠以及位于美国南部的佛罗里达州他都游历过。他向我介绍说，世界上最优良的汽车跑道是美国西部犹他州的盐碱地，那些又滑又硬，就像冰一样的地方是几万年前湖沼干涸后的盐碱湖底。

　　有一次他在丹麦参加一场比赛。当他以每小时140英里的速度驾驶赛车飞奔时，车的前轮突然砰地一声飞出去，他驾驶的赛车直挺挺地冲向路边的观众，一名儿童不幸被撞死。他的赛车一跃而起飞过人们的头顶后，还一直不停地翻滚跳跃着飞驰了一英里左右才停止。但是，坎贝尔爵士又说，那次在第一次世界大战期间的经历才是让他觉得命悬一线的。他当时以一名飞行员的身份参加了战斗，驾驶飞机从英国出发飞越英吉利海峡去支援西部战场是那次任务的目的。但要知道他以前连飞机都没摸过，而且，他降落的地方还完全陌生。当他穿越德军阵地时，立刻有许多德军的飞机起飞并用机枪密集向他攻击，试图阻止他。然而，他却从未受过哪怕一丝皮外伤，虽然4年时间里他一直坚持这样的飞行！

　　过去坎贝尔出版了一本记载动人心魄故事的书，书中介绍他的冒险经历。但他去南太平洋的科克斯岛发掘宝藏的故事，才能算他此生中最刺激的经历。在那里的地下多少年来海盗们埋藏了大量的财富。世界上最恐怖的地方榜单中就有科克斯岛的大名：没有一间房屋，也很难看见一个人。在那里住着一些自给自足的印加土著人，这些人白天藏身在深山老林里，夜晚获取食物会偷偷跑到海边。他们如同海滨的绿棕树的影子一样神秘，他们的行踪在白天很少出现。大量的蜘蛛、螃蟹、蜈蚣、蚂蚁在沙土和岩石上蠕动。苍蝇在空中随处可见，小岛周围的海洋中潜伏着成群的鲨鱼。

坎贝尔要想夺得宝藏，只能沿着一条小河走到一块巨大的岩石边才可以停下来。要找到岩石上的一道裂缝，只要铁锹插在缝隙中就能够发现一道暗门。是否能够找到这个通道，是他能否成为《天方夜谭》故事中的阿拉丁的关键，如果能找到就可以拥有富可敌国的黄金和珠宝。

但是，这里的每一条小河坎贝尔都找遍了，就连那些早已干涸的河床也被他几乎翻了个底朝天。整个森林都印上了他的足迹，岛上的每一块大岩石几乎都炸开了，却还是两手空空。

有一次，在错综的灌木丛中他正吃力地前行，发现风向正与他前进的方向一致。于是，他和同伴想用火来为他们开辟出一条小路。他用火柴把草木点燃后迅猛的火焰燃烧起来。顷刻间这座荒岛被烧得通红。但是，令他们惊恐的事发生了，火势的走向超越了他们的设想，鬼使神差地返回身向他们扑来。

面对逼近的烈火，他们只好快速夺路狂奔到海边，身处几百英亩森林同时燃烧到处热浪滚滚的小岛上，已经被烟火折磨得狼狈不堪的他们如同煮在锅里的鱼备受煎熬，真想立即跳到海水里去，但又不能不顾忌到海里成群的鲨鱼。幸好火势被海滨葱葱郁郁的棕榈树林挡住，他们的命才保住了。

经历了3个星期荒岛上的惊险后，坎贝尔不但一无所获、两手空空，自己反倒被弄得浑身是血，伤痕累累。这时的他根本不像英国绅士，反倒更像一个垂头丧气的逃犯，于是，身体高烧不止的他只得返回英国。

不过他对我说，如果科克斯岛真的存在宝藏，可能他将来还要去继续发掘，他轻松地说："你知道吗，哪里能冒险，哪里就会有我的足迹。"

南极探险家斯科特

1913年2月的一个风和日丽下午，番红花在皇家花园里正娇艳地开放着，斯科特上校去世的噩耗这时传来，整个不列颠群岛被震惊了。以前，让英国人这么震惊的只有纳尔逊海军上将在特拉法加海战中殉国的消息。

极地博物馆是不列颠人在斯科特上校离世22年后为他建的一座永留史册的纪念馆，也是全球首家极地博物馆。这个博物馆的开幕得到全世界的极地探险家们的一致响应，他们纷纷前来参加这个隆重仪式。这座建筑的顶端的那幅献给罗伯特·斯科特的题词是用拉丁文写成的：他去探寻南极的奥义，却获得了上帝的秘密。

斯科特到达南极乘坐的船是"特拉诺瓦"号。这艘船频繁遭遇厄运是在开始进入南极圈洋面之后，怒吼的巨浪毫不留情地击打着船身，船上的货物被洗劫一空，锅炉里的火被扑进船舱的汹涌海水浇灭了，那些抽水机也不再工作，在狂怒的大海中这艘无助的轮船还是坚持航行了许多天。其实，从天而降的这些灾难对斯科特来说还只是不幸的开始。

能在天寒地冻的西伯利亚撒欢儿奔跑的几匹壮实小马也被斯科特上校带上了此次征途，但它们却使受尽了极地严寒的残酷折磨。它们的腿因踏进冰窟而折断了，在风雪中痛苦地挣扎，于是它们的生命被他枪中射出的子弹结束了，免得让它们再遭受痛苦。冰川的裂缝还吞噬了他从因纽特人那里筹措到的可以拖动雪橇的狗。

重达1000磅的雪橇只好由告别了那些马和狗的斯科特和他的4个队友拖着继续向南极进发。在海拔9000英尺的严寒空气中，他们在坚硬的冰地上日复一日地拉着雪橇奋力前行，累得气喘吁吁，咽喉冻得哽塞。然而，全队当中听不到一声抱怨，因为他们坚信，在最艰难的行程终结之处南极的秘密正等着他们。从上帝创世以来，那里一片死寂，从未出现过人类和任何会呼吸的活物，也见不见一只海鸥。

14天后他们终于在抵达南极，但只有震惊和失落等待他们。一根木杆上挂着一块破布，在距离他们不远的狂风暴雪里飘摇。那是国旗！挪威的国旗！原来，比他们先期到达的是挪威探险家阿蒙森。令他们意外和失望的是，耗费多年的心血，出生入死历经数月时间的千难万险，阿蒙森却仅比他们早5个星期捷足先登。

承受巨大精神打击的斯科特和他的队友踏上归途时内心充满了失落感。其实，在返回祖国的路途上，奥德赛式的厄运才真正让他们遭遇了。他们不断地被凛冽的寒风吹刮着，一层冰冻结在他们的身上，甚至连胡子也被冻得硬邦邦的。死神正在与踉踉跄跄的一行人靠近。

最先落难的是强壮的军官埃文思，他一不留神滑倒在地，头被冰块撞裂了，然后是冻坏脚的队长奥茨，他一步也挪不动，因此在某天夜里做出神圣而悲壮的决定，为了让同伴有活命的机会，他从帐篷爬出来，在狂风暴雪里他冻死了。不见豪言壮语，不见感人的动作，他只是淡淡地说："我很快就回来，想去外边逛逛。"然而，队友们却再也没见他回来。因为他的尸体后来始终无法找到，如今人们把一座纪念碑树立在他失踪的地方。"一位无畏的绅士在附近长眠"的纪念话语雕刻在上面。

斯科特和幸存的两个同伴继续艰难地挣扎着前行，极度的严寒已经让他们精疲力竭，鼻子、手指、脚都几乎变成了易碎的玻璃。在离开南极20天后，1912年2月19日，他们最后一次撑起帐篷，虽然只剩下够用两天的粮食和只够煮两碗茶的燃料，但他们似乎信心满怀，他们认为肯定逃出劫难，因为这时离他们埋藏粮食和其他必需品的地方只有11英里了，只需坚持下去到最后，他们就能够回到那里。

但出乎意外的是，就在最后的时刻，厄运降临了。他们遭受到狂风的猛烈袭击，冰块居然被这场猛烈的风暴吹得粉碎，这种飓风的淫威可以摧杀地球上的任何活物。斯科特和同伴们在帐篷中支撑11天后，呼啸狂风仍然没有停止的迹象。这时，已经弹尽粮绝的斯科特及同伴知道自己将要面临末日，他们现在似乎只有一条路可以选择，这是很容易走的一条路。他们为这样的危急时刻准备了很多鸦片带在身上，他们只要多吃一些，就可以在此安然长眠，永远离开痛苦的人世。但是，盎格鲁人的勇武精神决定了他们不会走这条路，他们要与命运进行最后的抗争。

斯科特在临终前的几十分钟把一段文字留给著名作家巴里爵士，把他们最后的状况进行了叙述。全部的食物已经被他们吃光，迎接他们的死神很快就要到来，但是在如此时刻斯科特却这样写道："我们在帐篷里唱出的幸福歌声如能被你能听到，也许你心里会备感舒服。"

8个月后，温暖的阳光再次照耀南极大地，一支搜救队找到了冻僵的勇士遗体。他们的遗体被就地安葬，插在地上的十字架是用两根雪橇板搭成的。英国诗人丁尼生的长诗《尤利西斯》中的这句话成为他们的墓志铭：几颗勇敢的心，虽然遭寒冷和命运扼杀，但不屈的意志永不停滞，仍在前行。

北极探险家李屈林·拜德

　　1900年的某一天，一位只有12岁的维金孔亚省温特斯特地区的少年把下面这句话写在日记本上："我要成为首个飞抵北极的人。"在这之前，他刚刚怀着激动心情听了海军大将柏瑞到北冰洋探险英雄事迹。

　　他知道，去北极是极其危险，要想完成此壮举，必须具备强壮的体魄和坚韧不拔的顽强品质。为此，他刻苦训练时以古希腊斯巴达人为榜样，身上只穿一件单衣在冬季冰天雪地中锻炼。他希望增强自己的耐寒能力，为将来在寒带地区的探险做准备。

　　一个12岁孩子的话人们不可能放在心上，然而，当年的那个孩子在经过长年累月的努力之后，终于兑现了少年时在日记本上写下的承诺，成为第一个飞抵北极的人。而且，之后他又成功地首次飞抵南极！他的这个举动震惊了全世界，他就是海军大将李屈林·拜德。

　　拜德将军曾这样说过："以后人们最终会认识到，在逐渐缩小的南极地区数百万亩冰层下面覆盖着极富价值的土地。"他的话我非常同意，这是因为我在北极圈附近就曾亲身找到过煤矿。另外，很多地质学家也指出，南极地区的煤矿资源十分丰富，甚至还有石油资源。

　　如果把拜德将军的经历撰写成一部传记，读者一定会佩服。尤其他的童年更是不可或缺的，他那超越常人的胆识和坚韧的毅力，竟然显露在同龄的孩子追逐嬉戏之时，这不是令人难以置信吗？

　　为了探寻奇珍异趣，他喜欢到世界各地旅行，很多地方他在14岁时就游历过了。在见闻丰富了之后，他又回到课堂专心进修。他热爱的体育运动有多种，强项是拳术、角力以及踢足球。他的脚踝不幸在剧烈的运动中扭折了，造成一条腿跛了，他28岁的时候因此离开了海军。

这件事的确打击了他，但他并没有因此灰心丧气，在他看来，虽然海军当不成了，凭借他强健的体格和聪明的手脑还可以尝试去做有所建树的飞行员嘛。对吧，没听说飞行员需要站立驾驶飞机的，因此跛了一条腿也就无所谓了。拜德最终之所以能成为一名飞行员还是他不懈努力的结果，他梦寐以求的空中冒险生涯从此开启了。

他要实现驾机飞往北极的梦想谈何容易。起初，他飞往北极试图驾驶"圣纳德"号大型飞机，不过飞到中途便不得不回返。随后他提出试图飞越大西洋的申请又因腿伤未获国家批准。后来，他申请驾驶阿莫森计划越过北冰洋的那架飞机，由于已经成家的原因他又未能成行。随之而来的是更巨大的打击，因为他的腿有毛病，再次被海军踢出门外。

拜德并没有被持续的打击压垮，他并没有因为自己的腿伤影响事业。他相信，比起健康的身体，智力和勇气更为重要，腿虽然跛了，相比那些身强体健却不具备头脑和勇气的人，自己更值得骄傲。他说服了身边的人，必要的款项筹措到位，他要继续实施探险活动。

在一个风和日丽的日子，震惊世界的创举终于被他完成了：他成功跨越大西洋，驾驶飞机在北极的天空中盘旋一圈后，把一面美国国旗投下去。他不久后又飞临南极上空，照例把一面国旗也留在那里。当他驾机安全返回美国时已经成为一个伟大的英雄，所有人夹道欢迎他。美国政府专门授予他海军"大将"的头衔表彰他的丰功伟绩。因为脚伤两次被海军驱逐的他，最后美国海军却因为他而骄傲。

探险家马丁·约翰逊

在非洲的原野上，马丁·约翰逊曾为狮子拍摄过数以千计的照片，并亲手打死过两只狮子。他告诉过我，他以前所见到的狮子总数还没有他离开非洲前的一年半所见到的狮子多。不过，他的子弹从来没有用在过这些狮子身上。其实，他常常不带枪外出。他还对我说过，他上一次来非洲曾带了一台收音机，能够接收到美国的广播信号，效果挺好的。最初的几十天，他经常收听广播节目，但后来因为厌烦那些极其无聊的商业广告，故而他大约半年时间都没有再触摸过它。

离开非洲后，有的探险家喜欢炫耀他们和猛兽搏斗的经历。不过，马丁·约翰逊却坦言，如果一个人对非洲野兽的脾气完全了解，那么他只需带一根手杖完全能够成功地从非洲北部的开罗徒步旅行到最南端的好望角。

开始游历全球时约翰逊14岁了。他父亲经营珠宝生意的地方是美国堪萨斯州独立城，那些来自四面八方的珠宝箱对他具有莫大的吸引力，他从小就心驰神往外面的世界。看到很多商标上印有著名的地名，比如巴黎、日内瓦、巴塞罗那、布达佩斯或其他，他渴望有一天把自己的足迹留在那些地方。这个愿望日益强烈，他终于有一天开始离家远游。

他在踏遍了美洲大陆之后，又搭乘一艘禽畜运输船前往欧洲。可惜运气不佳，踏上欧洲大陆后一直未找到工作，因而他不知道自己的未来在哪里。待在比利时的布鲁塞尔时他曾经饿过肚子，也曾忧伤惆怅地站在法国的大海边瞭望大海，他还在伦敦住过空荡荡的货箱，因为无法拿出钱来住旅馆。

为了返回家，他偷偷地躲进了一艘驶往纽约的商船救生艇里。他的人生因为发生在这艘船上的一件小事受到极大影响，光荣的探险之路从此展现在他的面前。从船上的一个机械师给他的一本杂志中，他读到一篇杰克·伦敦的作品。杰克·伦敦在作品里说，凭借一艘名叫"蛇鲨"的30英尺长小船周游列国一直是他的梦想。

约翰逊回到独立城的家中后，立刻写了一封信寄给杰克·伦敦，在填满字的8页信纸上他倾注了满怀向往。他在信中请求杰克·伦敦帮他指明道路。他这样写道："大西洋我已经穿越过一次，我口袋里只揣着5.5美元路费从芝加哥开始这段旅行，归来时还有25美分未花光。"

信发出去后等待回音的两个星期让他寝食难安。后来，终于等到杰克·伦敦发回一封电报。然而电文中仅有的短短几个字却足以改变马丁的一生。"你会烹调吗？"确实不会！他之前连煮米饭都不会。"让我试试！"他立刻这样回电。之后，他在一家餐馆找到帮厨的差事。

当杰克·伦敦的"斯纳克"号客船驶离旧金山海湾，向太平洋进发时，马丁·约翰逊以厨师兼洗碗工身份随船前往，他在饭馆学的那点手艺居然在这里派上用场，他做面包、炒菜、做汤、做布丁，所有这些全都拿下。同时，他还负责旅途中所需的食物的采购，他准备了足够水手们吃上两个世纪的盐、胡椒及香料。

他在这趟旅行中还学习了船舶的驾驶技术。而且非常相信自己的驾驶技能。有一天，他为了向大家展示自己的高超水准，便要凭自己的经验估算当时航船所在的位置。经过他估计他们的船正正行驶在大西洋的中间，而其实，"斯纳克"号当时正航行在向开往檀香山方向的太平洋海面上。他的估算足足相差了半个地球，但他却不相信自己的计算能力只达到了一个厨子水平。

马丁·约翰逊同那些充满激情的年轻人一样，对那种惊险刺激的生活一心向往。有一次，烈日把甲板上的松脂都烤化了，一连半个月没有喝过水的水手们被烘烤得几乎发疯，但他内心的热情从未被所有这样的困难淹没过。从这次旅行开始，自由惬意的漂泊生活他大约享受了30

年。从非洲原始黑森林到太平洋南海珊瑚岛，他在这30年里游历了全世界，足迹无处不在。

在美国人中，他第一个捕捉到食人族镜头，许多非洲原野上的生活痕迹和巨人、大象、长颈鹿等奇异影像资料被他记录下来，拍在胶卷上的珍禽异兽被他用船带回来。后来，上千部电影里出现了这些胶片上的生物，永久地记录下了多种濒危的野生物种。使后世子孙能够通过这些影像了解到非洲大地上曾经出没的野兽原貌，即使这些动物到那时都灭绝了。

马丁·约翰逊提醒我，如果人不去招惹一头刚进过食的狮子，人身上的气味不会过分引起狮子注意。曾有15只狮子的狮群围在他的汽车四周，但那些狮子温驯得像一群小猫，安详地原地高卧，一只狮子还站起身来向他靠近，上前轻轻地啃咬汽车的前轮。还有一天，他将车停靠在距离一只母狮很近的地方，它和他近得只要它一抬爪子就能够对他形成威胁，但他却没有少一根汗毛。

我问他："你是想说在野兽中狮子是很温驯的吗？"他却又否定说："不！如果你想自杀，那么最便捷的方式就是接近一头狮子。哈哈，因为你无法知道它的兽性会在什么时候会对你疑心乍起而毕露。和狮子打斗是世界上最危险的事情了，向你攻击时它会变成100磅的重型炮弹扑来，它一次能跳跃40英尺远，这不知要比轻骑兵迅猛多少。"我问他有没有发生过特别危险的事情，他说那是经常的，但每一次都很有意义也很有趣。

他说，有一次在南海群岛遇险是最可怕的。他那次试图记录下食人族的生活场景，但后来却险些被他们扔进锅里。由于食人族的生存空间频频遭受经商的白种人侵犯，许多土著人被贩卖为奴，因此，食人族对白人充满极端仇视，不少白人被抓后无不死于食人族的屠刀下，连同他们的物资也一并被抢走了。

另外，食人族也很难找到足够抓捕对象，在他们抓到马丁·约翰逊后，很可能认为这又是一顿饱餐了。因此，当约翰逊为酋长献上带来的礼品并与其交谈时，一群食人生番从树林跑出来，把他团团围在中间。当时他的朋友们还远在数里开外，根本不能前来营救，虽然他随身带有一支手枪，但就算开枪也无法摆脱眼前的危险处境，他根本不敢肆意妄为。冷汗从他的额头往外直冒，心里砰砰乱跳，无计可施的他只能强装镇定地同酋长周旋。越聚越多的土人只等他们的酋长发出号令，他们就会立即像饿狼一样扑上去把他大卸八块。现在的马丁·约翰逊第一次后悔当初没有早跟随老爹踏踏实实地学做珠宝生意，不然怎么会落到如此下场呢。

就在那群生番就将要扑上来时，上帝出现了，附近的海湾中驶来一艘打着英国旗的轮船。朝轮船张望的土人们瞬间目瞪口呆，心里恐惧万分的他们以为约翰逊的朋友来了。约翰逊急忙循着他们的视线望去，简直无法相信眼前的奇迹，于是，他连忙朝酋长道别，说："看见了吧，朋友来接我了。能认识你们很愉快，再见。"在土人们还没来得及从震惊中反应过来之前，他就拔腿向着海边狂奔而去。

第七篇

和平使者

一代名医格林菲尔

在气候恶劣的拉伯利多地区，格林菲尔整天在肆虐的风雪中出没，双手的皮肤越来越粗糙。危机四伏的环境十分恶劣，他有4次乘船险些撞上冰山。有一天晚上他是在浮冰上度过的，还有一次在拉伯利多严寒的荒野他险些丧命。又一次，他实在饥饿难忍，只好把割开的海豹皮做的皮靴吃下去。

他并不因为自己没有一点积蓄而懊恼和沮丧。格林菲尔医生的处境让你感到忧虑吗？不，你没有必要为他担心，你嫉妒他倒是应该的，因为他的幸福远远地超越了我们，名字叫作"快乐"和"满足"的这两种世界上最为宝贵的事物是他所拥有的！

格林菲尔的大学生涯是在著名的牛津度过的，他在伦敦开办私人诊所是获得学位之后的事，一些有钱人经常前来到他这里就诊，他的精湛医术使他的声名传播开来，也使他很快成为伦敦第一流的名医。但是对名声和地位他从来不放在心上。

一段时间后，他开始对这样的生活感到厌烦，于是准备用一个夏天的时间到拉伯利多度假。拉伯利多坐落于加拿大东部海岸，地处高寒地带，南到纽芬兰、北到哈得逊湾都属于它的范围，长度1500英里，几乎长年处于冰雪覆盖之下，天气十分寒冷，短暂的解冻期只有到8月份才会出现。那里的土地不适合种植和搞养殖，只有鱼类是人们的日常食物，甚至连家畜都吃鱼。

来到拉伯利多后，格林菲尔医生内心深感不安的是，这里没有一个医生，如果一旦某个居民生病，就只能任凭病痛肆意折磨，听从命运的安排。那个夏季有些炎热，他为当地的渔民治病竭尽了全力，所有人都对他表示欢迎和尊敬。

回到英国后，他的心态发生了转变，他觉得在伦敦给那些富人治病是在浪费自己的人生；同时，他对所谓"名医"的声誉也开始产生反感。他认为拉伯利多的民众正在焦急地等待他，那里才是他应该去的地方，这个想法一直在他心里萦绕着。经过再三思考，他终于再次前往拉伯利多，并在那片土地上把自己高超的医疗技术展现在渔民们面前。

他这一走就是45年，在这漫长的岁月里，他历尽千辛万苦，那片荒芜的大地上到处留有他的足迹，他为那里贫困的人们送去了福音。他那伟大的仁慈和坚韧令整个世界为之钦佩，英国国王乔治赐予他爵位，毫不吝惜赞美之词表彰他忘我奉献的高尚品质。

我曾登门拜访过格林菲尔医生，他的很多故事让我听后震惊不已：一位不幸的老妇人有一次前来找他求助，冰块砸伤了她的腿骨，伤势日趋严重，而且骨头已被病菌感染，只有切除大腿才能保全生命，但这位老妇人认为自己的苦难都是天命使然。她是个十分虔诚的信徒，认为敬畏上帝就要默默地接纳这种痛苦，所以她坚持在手术时不使用麻醉剂。

这难住了格林菲尔，无奈之下，他只好让她的儿子们在手术时紧紧抱住自己的母亲，以便手术能正常进行。手术结束后，让格林菲尔感到心疼不已的是那位老妇人在手术过程中竟然强忍疼痛没发一声，他敬佩老人家的坚韧毅力。

人人都喜欢格林菲尔医生，因为他的善良品质十分伟大。人们为了表达对他的尊敬，经常会把各式各样的礼物赠送给他，大多是些书籍和衣服，但也收到过一双大鞋，那是渔人捕鳖时必备的。在这些礼物之中，有一本一个世纪前出版的礼仪书最为珍贵。他并没有自己收藏它，为了能让所有的渔民都能够阅读，而是把书一页一页地拆开后贴在墙壁上。

在格林菲尔医生的回忆里，有一件非常有意思的事情：生性粗犷，朴素耐劳的拉伯利多渔民的信仰有些稀奇古怪。有个村子的居民因为缺少食物，面临生存危机，他们竟然接连几十天只依靠面粉和糖水摄取能量，可是，他们却不去宰杀猪圈里不计其数的肥猪。这些人之所以这样做，是因为那些猪曾跑进教堂，恰巧把一本《圣经》吞进肚子里。由此他们认为神会庇护这些猪，如果把它们吃掉就会引起上帝的震怒。

在格林菲尔的回忆中，发生在1908年复活节期间的经历是最为惊险的。当他得知60英里开外有个生命垂危的病人的消息后，驱赶4条狗拉着雪橇立刻前往。为了节约时间抄近路，他让狗拉着雪橇踏上了浮冰，可是当雪橇奔驰不久后风势猛然突变，把浮冰驱向大海的另一边。虽然海水冲走了浮冰，可是那四条狗却一个劲地向前猛冲，结果他和狗连同雪橇一起掉进了冰冷的海水中。

格林菲尔医生在十分紧急的情形下却显得格外冷静和果断，他迅速抽出随身携带的匕首，割断了套在狗身上的绳索，这才使他和狗爬上了另一块浮冰。但他仍处于危险之中，他的毛衣也和雪橇一起掉进了海水里，而他身上湿透的衣服已经无法抵御严寒了。

这时，夜色慢慢降临，眼前变得一片模糊，刺骨的寒风扑面而来，格林菲尔的身体渐渐变得麻木，几乎快要失去知觉，如果不立即采取行动，将会面临被冻死的危险。他再三思量后，不忍心地拿起匕首把3条狗杀死了，剥下温热的狗皮盖在身上，再将它们的尸体堆在自己身边用来御寒。他在浮冰上躺着任由海水随意漂流，一直到次日天亮，他试图使浮冰靠岸，取出两根狗骨头做桨划水。虽然这种努力没有多大效果，但他不会放弃哪怕是微渺的希望。

不知过了多久，一条船忽然出现在前方，开始时他还以为是幻觉，但那条船渐渐清晰地向他驶来。他心中狂喜不已，上天终于没有放弃他。

"戒酒勇士"纳逊

20世纪初的一天，美国堪萨斯州的威其塔市出现一位衣着怪异的老妇，锋利的斧头握在她的手里，嘴里不停地哼着："我是基督的战士……"你把这个人当成疯子吗？但谁都知道，美国历史上家喻户晓的名女人纳逊就是她。

纳逊一边向前走一边唱着歌，杰姆彭斯酒店的大门很快出现在她眼前，这时，她把手中的利斧高高举起，对着里面的人大声叫喊："是上帝让我是来拯救你们的，酒鬼们，离开地狱！"说完，她把手中的利斧抡起来破门而入。

人们迅速闪开，饮酒的人也都四处逃散。酒店的经理无奈只好藏身在桌子下面，她用斧子把玻璃柜、窗户、桌子以及酒瓶、酒杯全都击得粉碎。眨眼间，屋子里到处都是横七竖八的器物，就像飓风袭击过一样。这位经理险些失声痛哭，难受得要命。

这就是人们看到的景象，纳逊一路前行就像刮起的猛烈飓风一路前行。她的名字也像风一样迅速传遍全世界，她的故事占满了各地的报纸，很多赞美之词还配在上面，有称她为"反对酗酒的勇士"的，也有给她取名叫"禁酒先驱"的。民众广泛支持她的行为，政府不得不重视禁酒的呼声，17年后，正式颁布了"禁酒令"。

纳逊不顾自身的安危劝诫人们戒酒，甚至有好几次面临入狱的处境。那么，她千方百计与酒店作对是什么原因呢？原来，是饮酒毁了她的幸福。她丈夫嗜酒如命，经常喝得酩酊大醉，后来终于因饮酒过度而死。这让她的生活处于家徒四壁的困境，她还有一个嗷嗷待哺的幼小孩子。

　　家庭的灾难让她对饮酒产生痛恨心理，她要与提供饮酒的场所决战。刚开始时她以为祈祷会影响堪萨斯州的酒店生意，所以她一直向上帝祷告，还把一架旧风琴安设在酒店的门前，想用赞美诗的歌声来规劝酒店老板。但这个方法没让她看到效果，受她感化有些酒店关门了，可是又有一些新的酒店陆续开业。于是她调整了策略，决定使用手中的利斧借助武力向酒店开战。

　　她当然知道自己的行为不合法，可是她认为经营酒店之人都不是善良之辈，况且20多年来堪萨斯人一直支持禁酒。她的人身安全也不能单凭手中的利斧有绝对的保障，有时候别人也会把她打倒在地，用脚踢，用鞭子和木棍抽打。最严重的时候，她的骨头都被打折了，险些丢了性命。她面对险境畏缩了吗？没有，她从来不惧怕。信心百倍的她在伤痛消除之后又立刻重新开始新的战斗，因为她觉得自己的行为合乎上帝要求。

　　酒店的老板把她送进了监狱，可是监狱拿她毫无办法。她在铁栅栏里引吭高歌，由衷地赞美并呼唤上帝，她的做法不禁引起人们的深思，也感动了监狱长。实在无计可施的仇视她的那些人只好让她去法庭受审。可是她没有被法律压服。当法庭宣称她违背了堪萨斯州的某条法规时，她立刻高声反对，大义凛然地为自己辩护。她说："按照世俗的法律无法判定这个案子，因为我不会违背上帝的旨意。"这时她神情严肃地站起身，语调庄重地开始诵读《圣经》。如果法官要求她坐下，她就会火冒三丈地对着法官："什么，你竟然敢这样命令我？我的年龄都可以给你当妈。"

　　还有许多奇闻轶事都发生在这位激进的禁酒主义者的身上。丈夫死后，为了养家糊口她去当老师，一边抚养自己的孩子一边照顾年事已高的婆婆。沉重的生活压力让她倍感艰辛，然而4年后她不得不离开了工作岗位，这与把人逼上绝路毫无差别。束手无策的她只好向上帝祈祷："主啊！求你照顾我吧！家庭的重担已让我经无能为力，如果你同意，我只能再次出嫁。上帝啊！求你把适合做我丈夫的他带到我身边……"

可能她的祈祷感动了上帝，仅仅几个月之后，就有个名叫叫大卫·纳逊的男士前来和她组建家庭。他是一位乡村牧师，还在一家报社担任主笔。她感谢上帝的安排，也很感激上帝恩赐这桩婚事。从这时开始，她的丈夫大卫·纳逊成为堪萨斯州一个教堂的牧师，为当地的信众们宣讲教义。

不过纳逊觉得她丈夫的欠缺经验，所以协助丈夫就成为她的一项生活内容。丈夫布道的内容由她来安排，丈夫的布道文也由她来撰写。丈夫礼拜日上台布道，为鼓劲丈夫她会坐在第一排，用手势提醒他该如何摆姿势，以及该如何调整讲话的音量。如果她认为他在台上讲个没完，就会站起来直接对他说："该结束了，大卫。"有时丈夫依然沉浸在自己的演讲中不能自拔，她这时就走上台，合上《圣经》，再给他戴上帽子，然后拉着他一起回家。

这种情况让教会深感不悦，大卫的牧师职务几个月之后就被解除了。大卫对此倒是没有怨言，因为他也厌烦教会生活。经过了一段时间的共同生活后，她觉得大卫的性格有些木讷，于是提出离婚，理由是与他实在合不来。

纳逊的个性的确让人无法琢磨，她给我留下了十分古怪的印象。她和别人争执不已的情形我曾经多次见过，她的举动的确能让人把下巴惊掉。我是在教堂里第一次见到她，当时牧师正在台上宣讲，她在下面觉得牧师的一些话有些欠妥，后来她起身干扰并打断了牧师的演说。她走上讲台来回踱步，大谈自己的观点，在众目睽睽之下，那位牧师被她数落一番。另一次发生在大街上，只见她突然出现在一个吸烟者的面前，对方还没明白怎么一回事儿，她就一巴掌把人家嘴上的香烟打掉在地，他还得承认自己身上的烟味像狗的味道一样糟糕。还有一次，几个少女被她当街拦住，她还告诫她们不要与小伙子在一辆车上挤，要爱惜自己。她的稀奇故事真是不胜枚举。

生活中的一切事情她几乎都看不惯，不过也有例外，赛马表演一直都是她喜欢的，因此许多人都说她是赛马爱好者。确实，她之所以很小的时候就喜欢赛马，是因为赛马之乡奇特克凯就是她出生的地方。许多值得一提的事情是她用一生来做的，她父亲去世时留给她一笔巨额债务，可是，她偿还完这些债务用了15年时间。

她的工作虽然不固定，但是她凭借公开演讲也能获得丰厚的收入，她把这些钱用来盖一所房屋，专门帮助那些无家可归的人。因此，在她去世之后，很多人依然不能忘记她。人们把堪萨斯州的一条铁路命名为"纳逊路"，还挂上一把斧头作为特殊的符号，可见当地人还是肯定和敬重她的禁酒行为的。

牧师派克斯·卡德门

　　在纽约居住时，我同派克斯·卡德门牧师的住宅距离很近，我时常过伊斯特河前去他那里登门拜访，只有和他聊上半天才肯离开。

　　我们谈论的话题十分宽泛，几乎天南海北无所不及，每次他把我送出门时，往往已经夜幕降临了。其实卡德门博士平易近人，尽管他名望很高，如果你要和他说些什么，只需打开你的收音机就行了。他每天制作节目都要去广播电台，他从事这一行已经有十多年了，也可以说他是播音界的老前辈了。

　　你对自己的生活满意吗？你对自己的繁重工作是否厌烦？在你做出回答之前，首先还是了解一下卡德门博士的日常生活吧：每天他清晨7点起床，然后立刻紧张地开始工作，首先他要写二三十封信，然后为报刊撰写1500多字的稿件，还要准备好当天的演讲稿。完成这些文字工作后，他要出门去探望五六位本教区的居民，再去参加几个地方的各种集会，等他晚上匆匆回家后，还要阅读一些新书。一直这样忙碌到凌晨一两点钟，在结束当天的工作后才上床睡觉休息。普通人对这样的繁重工作简直难以承受，可是，卡德门博士对此却感觉不到丝毫压力，他还要尽力有条不紊地做好所有事情。

　　他有一次和我谈起英国著名的政治人物格莱斯顿，他非常赞赏格莱斯顿的工作方式。英国首相格莱斯顿的办公室里一直摆着四张办公桌，在处理不同事务时就会变更不同的办公位置。这样做有一个好处，你如果能不时地变换手头的工作，那么在办公时你就会感觉疲劳在减轻，你的大脑也会保持清醒。谦虚的卡德门说，因为借鉴了格莱斯顿的工作方法，他才能做到每天完成工作后仍然不会感觉到疲惫。

卡德门有良好的阅读习惯，他总是博采众长，从不局限于书的种类。他认为阅读好比吃饭，都要在调节口味上下功夫，所以他除了对名家著作有兴趣，也会阅读一部分侦探小说。如果你正好碰到卡德门先生在看一本哲学著作，那么凭此你千万不要以为他仅仅爱好哲学，那只不过是这位博学牧师的阅读书目的其中之一而已。有一次我去他家，碰巧看到桌子上摆着这样4本书：《烹饪指南》、格兰费尔所著的《路易十四宫廷回忆录》《拉伯瑞多的情史》，另外一本侦探小说是最新出版的。

卡德门先生有令人敬佩的童年。由于家境贫寒，这个11岁的孩子便承担起生活的重担，他每天有8个小时在矿井下干活儿，他把所挣的工资全部交给家里，自己不留下1美分，一直到把年幼的弟妹抚养成人。他就这样在近10年的时间里辛辛苦苦地工作，在一般人眼里，卡德门的童年过得抑郁。当同龄人坐在课堂上学习知识时，他却工作在阴暗潮湿的矿井里，不得不为生计而从事沉重的体力劳动，他也因此失去接受教育机会而无法获取知识。但结果却并不是想象的那样，他不仅通过自学得到了知识，而且还使自己成为全美国学识最为渊博的人。

卡德门的自学精神尤其令人赞佩，他为了读书会利用一切机会，就是在条件十分恶劣的煤矿中也是如此。他在干活时总是把一本书或小册子揣在口袋里，只要有一两分钟的休息时间，他也会在昏暗的灯光下拿出书认真阅读。他曾亲口说，宁可少吃一顿饭，也要多读一本书。虽然他当时尚年纪轻轻，但对生活的认知却与老年人的经验无异，他清楚地意识到，要想改善自己的生活，必须离开肮脏的煤矿环境，只有下苦功学习文化知识来改变自己的境遇。他买书没钱就向别人借，他在煤矿工作的10年间，所阅读的书超过1000多册。

上帝是不会辜负他这10年苦功的。他知识面经过持续的学习积累得以迅速增加，并且还获得了伦敦立蒙大学的学位。他后来又从事宗教事务，成为一名受人尊重的牧师，每逢礼拜日，他便会为各地前来的人们讲经布道，而且遍布世界各地的人们可以通过无线电波聆听他的声音。

听过他讲道的人都钦佩他的学识。远在南极探险的拜德将军有一天为他发来一封电报，当时正在休息的将军通过电波听到卡德门牧师的演讲后非常感动，特意从寒冷的南极向他送来温馨的敬意。

但是，卡德门刚来美国进行布道时，只有可怜的150人听他讲说。这些人试图为他凑齐全年800美元的酬金，但却未能实现，于是他们只好给他送粮送菜来替代现金以示酬谢。还有一个农民曾给他送来一堆草，也有人给他带来小青豆或红苹果。

卡德门在不列颠的一个小城市来到人间，那里因盛产煤而闻名天下。年轻时他浓眉大眼，具有粗犷的气质，一位邻居因此提醒他的父母要严加管束卡德门，担心将来他会走入歧途。可是那个并不高明的邻居预言落空了，卡德门不但没入歧途，反而他的品德与学识都高人一筹。如果那个邻居能够见到这些，相信他也会无话可说。

卡德门对林肯十分敬佩，受林肯的影响很大。另外，诗人伍尔沃兹和英国小说家萨克雷也是他的崇拜对象。同时卡德门作为一个收藏家也有独到的眼光，从图书到各种工艺品几乎都属于他的收藏的范围。

白衣天使南丁格尔

国际红十字会之所以把她的生日定为国际护士节，是为了让她得到永远的怀念，而且国际护士协会还以她的名字来命名最高护士荣誉奖。她就是南丁格尔。

南丁格尔的童年是在优越的环境中度过的。他的父母都是英国望族，父亲是一个知识渊博、事业成功的商人，出身名门的母亲酷爱旅游。在意大利旅行时，1820年5月12日，他们后来引以为傲的白衣天使在佛罗伦萨降生了，她的名字因此就是佛罗伦萨．南丁格尔。南丁格尔自幼就天资聪颖，在双亲的精心调教下，不仅长得人见人爱，而且还极富怜悯他人的仁爱之心。

不能让家人放心的只有一点，这位小天使不仅生性倔强、感情细腻，还不太合群，很少跟小朋友们一起玩耍。她不像其他孩子那样调皮，表现得很懂事。她喜欢身边的花花草草和小猫、小鸟、小狗等小动物，而那些小动物也常常接近她。小南丁格尔有一次将两只死掉的小山雀用手帕包好后埋葬在花园里的某棵松树下，并用一块小石片为山雀立了墓碑。

1842年，22岁的南丁格尔已经出落成漂亮的贵族小姐。当时恰逢英国的经济衰退，人们缺衣少食且病魔缠身，一片哀鸿遍野之惨状。这样悲惨的情景深深地触动了南丁格尔，她在日记中写下这样的文字："在我的心中，不管什么时候一直放不下那些遭受厄运的人们……"

第二年的夏天，异常炎热的天气让各种疾病开始在穷人中传染。

尽管遭到家人的激烈反对，南丁格尔还是去义务帮助身边苦难的穷人，使他们最大可能得到救治和照顾。她不管别人如何看待这种既脏又累的工作，专心在那些穷苦病人的茅草房中无声地消耗自己宝贵的青春。南丁格尔还时常从母亲那儿拿走一些药品、食物和衣物接济穷人。母亲反对她的做法，认为贵族身份的女儿是在浪费时间，同时也有失家族面子。

南丁格尔26岁时，父母决定以让她结婚的方式促使她远离病人和医院，他们认为年轻有为的慈善家理查德是未来女婿的最佳人选。小伙子对南丁格尔一见钟情，一对非常优秀青年男女的交往过程充满欢乐。理查德给寂寞无助的南丁格尔写了许多鼓励的书信，这让她在精神上得到很大的慰藉。

她思考并犹豫了很久，最终还是拒绝了理查德的结婚请求。她在信中告诉理查德，单身生活更适合自己，为了投身护理事业，她宁可放弃财富、婚姻和很多人梦寐以求的上流社会交际生活。在她看来婚姻只是无数人生之路中的一条，通过从事自己喜欢的事业也可以获得更大的乐趣，并会感到满足和充实。在这之后，她拒绝了所有人的求婚。

她所处的那个年代，人们都不尊重到社会上去工作的女人，甚至可以说护士是卑贱工作的代名词。因为英国的经济正值衰退期，医疗水平跟不上，连绵不断的战争导致混乱、肮脏、堕落、不幸这些词汇成为1844年英国医院的特征。"医院""护理"这些字被认为是可怕又丢面子的东西，人人避而远之。

人们认为只有卑贱的人才会从事低下的护理工作，它不过是非常简单的事务，根本不需要学习和培训。南丁格尔最初也有这样认为，只要有耐心和同情心，不怕吃苦，就能够帮病人减轻痛苦。但是她亲身目睹的一件事让她深受触动，有个病人因为吃错药在她及众人面前痛苦地死掉了。从此她明白，护理事业是一门举足轻重的学问，没有想象的那么轻松。只有经过培训和学习才能做好护理工作，没有其他简便的捷径。

有一家诊所离恩伯莱花园很近，主治医师富勒先生在当地颇有名望，曾经获得牛津大学的学位。他与南丁格尔一家有很好的交情，因此，南丁格尔想去富勒先生的诊所学习护理知识。有次富勒夫妇受南丁格尔父母邀请前去赴宴，为方便学习护理知识，她当着父母的面请求富勒先生把自己收为学生。

家人对她的这种怪念头表示出强烈的不满，父亲当即起身离开，说要带上猎狗去外面换换空气，气愤的母亲更是一言不发，姐姐大声说她肯定是被诅咒了。家人都认为她这样做不仅不符合家族体统，家中还有可能会被带来疾病。富勒先生不知如何是好，一面安抚南丁格尔家人，一面规劝她放弃这种念头。

考虑到为父母带来的压力，南丁格尔再也闭口不谈自己的打算，但是她并没有丢掉从事护理事业的想法，只要遇到医疗报告或涉及医疗的书籍，她都要偷偷拿到自己房间阅读。碰上自己不明白的问题，她还会偷偷给国外的专家写信求教。她每天很早就起床，花一个多小时的时间看书，到该吃早餐时她就快速收拾书本，若无其事地去下楼和家人一起吃饭。

她学习护理知识背地私下里的那些"坏事"被父母和姐姐察觉后，他们合伙共同来惩罚她，把她被关在房间里，不许踏出家门一步，也不许与外界联系。后来她趁病后疗养的机会离开家来到法兰克福，这是全世界护理事业做得最好的城市。她在一家诊所里学习很多护理知识。她两周后离开这座城市时，认为自己已经完全具备护士资格了。

南丁格尔因为家里人的反对沉默了多年，直到在1851年的某一天，她再也无法忍受不能从事有价值的护理工作的状态。她开始明白，如果一味地等待和忍耐而不动手去做就是在浪费时间，自己要掌握住命运，幸福只能靠自己去努力追求，不是别人给予的。她平静地向家人提出去做护士的决定，无奈的父亲不再激烈反对，但惊慌失措的母亲和姐姐又来极力阻拦。不屈服的南丁格尔与母亲和姐姐争吵一番，无计可施的父亲气愤之下又牵着爱犬提起猎枪出门走了。

第二天南丁格尔在果断地来到法兰克福牧师开办的收容所，这个收容所还有一所医院和一所女教师培训学校以及一所孤儿院。她的住所就是孤儿院内的一个小屋子，她每天做事就在女子医院和孤儿院。在这里她可以学到一流的护理知识，并能积累实践经验。她对这里的护理工作充满热，并多次表达出参加手术护理的愿望。人们可以想象，面对这一切，一个贵族女子需要有多么大的勇气。

克里米亚战争爆发于1854年。《泰晤士报》记者从前方传来报道，说在战场上有大量的伤兵无人看管，更得不到有效医疗护理，这种情况下，那些不堪忍受痛苦的伤兵甘愿自己结束生命也不愿受伤痛的折磨。媒体呼吁英国妇女挺身而出，去帮助战地的伤兵们。

南丁格尔得到消息后深受触动，她向英国陆军部提出请求，要去前线护理伤病员。得到陆军部应允后，南丁格尔带领38名妇女组成的医疗队向亚洲前线出发。

当时野战医院的条件十分艰难，肮脏的走廊上横七竖八地躺着大量伤兵，病房的地板上堆满了污秽的垃圾，晚上老鼠在四周活动，到处都是虱子与臭虫，其场面惨不忍睹。南丁格尔并没有被眼前这种恶劣的环境所击倒，她大胆改革了医院混乱的办事制度，使伤兵能够充分得到最大限度的护理照料。在她的辛勤努力之下，那种混乱不堪的局面10天后就彻底消失了，医院环境焕然一新，伤员死亡率由原来40%的下降到现在的2%。利用自己手中仅有的资金，南丁格尔创办了前线图书馆，伤兵们从内心发出感激，把她称为"克里米亚天使"。

南丁格尔在克里米亚战争中做出的巨大贡献和所表现出的忘我工作精神受到全英国一致赞扬。人们开始认识到护士工作的重要意义，护理工作从此得到全社会的一致认可。她成功地完成了在别人看来不可能做到的事情：让护理工作从备受鄙视变成在全社会极受尊敬，她还新手创建了世界首家护士学校。

1867年人们在纪念克里米亚战争时，以南丁格尔的故事为题塑造了一尊提灯铜像，这尊被称为提灯女神的铜像与西德尼·郝伯的铜像一起矗立在伦敦的滑铁卢广场。1907年南丁格尔获得英国内阁颁发的最高荣誉勋章，她是首个获此殊荣的女性。

这位90岁高龄的伟大女性于1910年静悄悄地在睡梦中离开这个世界。国际红十字会之所以把她的生日定为国际护士节，是为了让她得到永远的怀念，而且国际护士协会还以她的名字来命名最高护士荣誉奖，即南丁格尔奖。这个奖从1912年以来，每隔一年向世界上为护理事业做出伟大贡献的护士颁发。

传奇女教士安蜜瑟

安蜜瑟·波尔·麦弗森有着传奇般的人生，各大报纸的头版常见她的大名，她的影响力甚至盖过电影明星。凡是与她相关她的消息，哪怕是在一家不为人知的小报上刊登出来，也会引起大众的躁动。几年前，洛杉矶的一家报纸把麦弗森染发这条不起眼的消息刊登出来，该报的销售量立刻翻了一番。她如此受人注目，而她一生不同寻常的经历，则更能吊起许多人的胃口。

应该把她叫作安蜜瑟·波尔·麦弗森·何顿，不过有人喜欢把她称为"安蜜姐"。她出生在加拿大昂塔利亚城附近的农村。小时候，她去学校读书每天早晨要赶着一匹小白马走出5英里，晚上回家还要帮着母亲洗碟子、挤牛奶、喂家畜，干些力所能及的杂务。她在清贫的乡间过着平静而安稳的生活。

有一年的秋天，村里来了一位名叫罗伯瑟·波尔的贫穷牧师，他早先当过锅炉工人。他的布道深入人心，强大的感染力激发出村民内的火热情感，人们眼含热泪接连向他忏悔，人人都要悔过自新。

这位热情洋溢的牧师把年仅17岁的"安蜜姐"吸引住了。她对他满怀敬仰，还主动向人家求婚。度过蜜月之后，她和牧师一起告别家乡前往遥远东方的中国，他们都把自己献给了上帝的事业。但是两年之后，年轻的牧师就去拜见上帝，留给她一个儿子，但没给她留下钱。

19岁的她从此不得不寡居在陌生的中国，后来在友人的资助下得以回到纽约。后来一位年轻的商人又娶了她，6年后因商人另有新欢他们只好分手。因为她已经有了第二个儿子，不得不面对更大的生活的压力，万念俱灰的她带上两个儿子，驾着一辆破车朝着梦中的西方奔去。

行车途中，只要遇到有人聚集的地方，她就会把车停下来，对着人群叫喊："你们想进天国吗？赶快忏悔吧。"她向人们热情地传布天国福音，劝诫曾有罪过和流浪的人找回良心。她一路颠簸不止，在遇到困难时也毫不退缩。一天夜里她开车不慎陷落泥坑，但她毫不畏惧，干脆打盹在车里。天亮后，路过的人帮她把车子从泥坑中拖出来，接着继续赶路。一路上她和孩子受冻挨饿，到达科罗拉多州时，几乎被冻死。

那是个不应该被忘记的日子，她驾驶着那辆破车风尘仆仆地赶到洛杉矶，从此，她那令人震惊的新生活开始了。举目无亲的她这时几乎身无分文，两个发育不良的儿子和一辆破车是她的全部资产，然而18个月后，她不但在加州声名鹊起，并且所拥有的资产达到了上百万美元，这是个让人无法相信的奇迹。

人们普遍认为，她的事业之所以能在洛杉矶取得成功，是伟大的圣灵对她拯救人类灵魂行为的赏赐。她在教堂不停地宣扬上帝的精神，前来听她布道的人趋之若鹜，这让南加州最大的教堂也显得规模太小了。有人随后建议她把讲道地点改到拳击场，可不久还是容纳不下。最后，她不得不把讲道场所搬到露天广场和公园，即使这样，听众还是摩肩接踵地赶来，警察只好前来维持秩序。自从她来到洛杉矶，这里的人们都被她的宣讲迷住了，人们争先恐后地竞相忏悔，纷纷表示要为上帝效劳，并愿意为上帝献出一切。这成为"天使之都"洛杉矶绝无仅有的景象。

她一年后准备离开洛杉矶，那些受她感染的信徒们的极力劝阻。为了把她留下，人们筹集150万美元构建了一座宏伟的天使堂，像送生日礼物一样馈赠给她。他们还特意购置了一架价格昂贵的大风琴，它几乎可与法国天主教堂那台最大的风琴相媲美。为了答谢人们的厚爱，一个私人唱诗班在她的倡导下成立了。一切准备就绪，她将在这座神圣的场所布道，届时会敞开大门迎接所有罪人前来救赎。

1926年5月18日，传来一条令整个加州震惊的消息：深受人们爱戴的"安蜜姐"身穿一件深绿色泳衣走进太平洋，在人们的视野中逐渐消失。从四方赶来信徒们怀着悲痛的心情徘徊在海边，期盼她能再次现身海面上，但她们的愿望还是落空了。人们彻夜祈祷，失魂落魄地喊叫、哭泣，整整一个月心情无法平静。令人惋惜不已的是，因为过度悲痛有个女孩自杀了，还有很多人想投海自尽，但是最后被救出。为了"安蜜姐"，信徒们居然可以放弃生命，这确实令人难以置信。

全球的报纸一时间都对"安蜜姐"失踪的消息进行了报道，人们都在谈论她失踪的下落。为奖赏能找到"安蜜姐"或者她尸体的人，天使堂的人愿意出资25000美元。渔民们自觉地驾船出海搜索，试图能发现些蛛丝马迹。还有身体强壮的年轻人潜到海底搜寻，航空部门也专门派出水上飞机到海面上来回巡查，但是一个月内依然没有任何音讯。

然而，奇迹竟然出现在"安蜜姐"失踪后的第31天，毫发无损的她现身在墨西哥的一个村子里。欣喜若狂的人们迎接她归来，向她表达最真挚的祝福。"安蜜姐"这样回答人们所关心的事情起因："那天，我游泳后走到岸上，遇到一位中年女子，她请我去给她的孩子祈祷。我当然会答应的，于是就请她给我带路。可是我们还没走多远，一伙暴徒就从路边杀出来，他们把我抓住后又塞进一辆汽车里，然后再用迷药把我弄昏，后来再发生什么事我就不知道了。当我清醒过来，发现自己被他们捆绑在沙漠中的一间小茅屋里。我在那里遭受折磨31天后，趁他们不注意，用废旧的罐头铁盒磨断了捆绑我的绳子，趁着夜色的掩护快速逃出虎口，第二天我又在沙漠中顶着烈日奔跑10

多个小时，最后逃进那个小村庄……"

　　不管怎么说，听了她的讲述大多数人都为她庆幸，但是也有人对此表示怀疑：在炎炎烈日的烘烤下，一个女人怎么能走了18英里路还不被晒死？还有人发现，她的衣服和从前一样完整干净，头发也梳得整整齐齐，鞋面也没有弄脏，再看她的表情模样，丝毫看不到饥饿困乏，她好像在刻意编故事，这里面肯定有问题！

　　尽管人们提出各种各样的怀疑，甚至有人骂她贞洁不保，但这一切都不能对她的声誉造成损害，她毕竟做的事情有许多是让人敬佩的，再说还有那么多信徒对她心怀敬意呢！